Gentechnik

Europäische Hochschulschriften
Publications Universitaires Européennes
European University Studies

Reihe XX
Philosophie

Série XX Series XX
Philosophie
Philosophy

Bd./Vol. 655

PETER LANG
Frankfurt am Main · Berlin · Bern · Bruxelles · New York · Oxford · Wien

Aleksandra Ristic

Gentechnik

Anwendungsmöglichkeiten und die ethische Implikation in der Zukunft

PETER LANG
Europäischer Verlag der Wissenschaften

Bibliografische Information Der Deutschen Bibliothek
Die Deutsche Bibliothek verzeichnet diese Publikation in der Deutschen Nationalbibliografie; detaillierte bibliografische Daten sind im Internet über <http://dnb.ddb.de> abrufbar.

Gedruckt mit Unterstützung der Firma Eli Lilly.

ISSN 0721-3417
ISBN 3-631-50139-0

www.peterlang.de

Leben ist, was das Denken daraus macht.
Nichts wird aus nichts und nichts wird zu nichts.

Marc Aurel

Alles, was im Weltall existiert, ist die Frucht von
Zufall und Notwendigkeit.

Demokrit

Alle Menschen streben von Natur aus nach Wissen.

Klug kann nur ein guter Mensch sein.

Aristoteles

Alles fließt und nichts bleibt bestehen; alles vergeht und nichts bleibt an seinem Ort... Man kann nicht zweimal in denselben Fluss steigen, denn immer neue Wasser führt er herbei... Im Wandel finden die Dinge zur Ruhe. (Fragmente)

Vielwisserei lehrt nicht, Vernunft zu haben.

Heraklit

Endlich müssen wir nach einer richtigen Maxime der Naturphilosophie uns aller Erklärung der Natureinrichtung, die aus dem Willen eines höchsten Wesens gezogen worden, enthalten, weil dieses nicht mehr Naturphilosophie ist, sondern ein Geständnis, dass es damit bei uns zu Ende gehe.
(Prolegomena, §44)

Immanuel Kant

Danksagung

Ich widme dieses Buch meinen Eltern.

Mein besonderer Dank gilt Herrn Prof. Erhard Oeser, der mir das Schreiben der Doktorarbeit ermöglicht hat.

Ich kann nicht allen namentlich danken, aber folgenden Personen gegenüber möchte ich hier meine tiefe Dankbarkeit zum Ausdruck bringen: Univ.-Doz. Dr. Franz Wuketits, Prof. Dr. Erhard Wintersberger, Prof. Mag. Dr. Reinhold Hofbauer, Bernd Huemer, Thomas und Wolfgang.

Wien, 2002 *Aleksandra Ristic*

Inhaltsverzeichnis

Einleitung

Diese Arbeit handelt von der Genetik. Genauer, von den jüngsten Entwicklungen in der Genetik, d. h. der um 1972 entstandenen Genmanipulation, der *Gentechnik*, die zu einem phantastischen Aufschwung der Biologie geführt hat.

Das Ganze wäre eine unverbindliche, von der breiten Öffentlichkeit nicht weiter beachtete Theorie geblieben, hätte sie nicht rasche Anwendung gefunden und wäre sie nicht massiver Kritik ausgesetzt.

Auf der einen Seite wird die Entwicklung der gen- und biotechnologischen Industrie begeistert vorangetrieben, auf der anderen Seite fragt man besorgt nach den Konsequenzen, die sich aus der Genmanipulation ergeben können. Endlos wird die Macht und Verantwortung des Wissenschaftlers diskutiert. Die Aufregung ist natürlich berechtigt. Doch ich behaupte, daß sich schlecht über eine Sache streiten läßt, ohne alle ihre Aspekte zu überblicken, ohne das ganze Ausmaß der wissenschaftlichen Forschung zu kennen, ohne zu wissen, warum und wie sie durchgeführt wird, ohne mit ihren Gegenständen und Konzepten vertraut zu sein. Ich möchte aufzeigen, welche Auswirkungen ein Einsatz der Gentechnik in der Zukunft auf die menschliche Ernährung, die medizinische Forschung sowie weltanschauliche oder soziologische Belange haben könnte.

Im einführenden Kapitel, wird von mir der derzeitige Entwicklungstand aufgezeigt. Ich zeige außerdem, welchen weitreichenden Einfluß das Aufkommen der Gentechnik für die moderne Biologie hat.

Im zweiten Kapitel beschäftige ich mich mit einem der ehrgeizigsten Forschungsprojekte, die jemals in Angriff genommen wurden; mit dem Human Genom Projekt, es ist der Versuch, die ca. 100 000 Gene des menschlichen Körpers in den Chromosomen zu lokalisieren und in ihre Funktion zu erfassen. Die wissenschaftliche Erkenntnisse, die sich daraus ergeben, werden die Behandlung und Verhütung von Krankheiten revolutionieren und die Entwicklung von Therapien für bislang unheilbare Krankheiten beschleunigen. Kapitel 3 konzentriert sich auf die Gentechnik und ihren dem Menschen betreffenden Anwendungen – der Gentherapie. Sie bringt das Potential, die für Erbkrankheiten verantwortlichen defekten Gene zu eliminieren, ersetzen oder zu reparieren. Weiters gehe ich auch der Frage nach, was geschieht, wenn bestimmte Gene, die normalerweise Wachstum und Entwicklung steuern, versagen und es zur Tumorbildung kommt. Die Suche nach Behandlungsmöglichkeiten ist ein Hauptanliegen der gegenwärtigen medizinischen Forschung.

In Kapitel 4 beschäftige ich mich mit der Nutzanwendung der DNA-Forschung. Nie zuvor in der Geschichte der Biologie setzte man größere Erwartungen in die Anwendungsmöglichkeiten als heute bei der Gentechnologie. Ich erläutere, was auf diesem Gebiet schon möglich ist und welche künftigen Entwicklungen man erwarten darf – bei der Herstellung von Impfstoffen und Arzneimitteln, in der Landwirtschaft und in der Viehzucht. Dabei konzentriere ich mich auf die neuesten Entwicklungen der Gentechnik im Bereich der transgenen Tiere und Pflanzen, indem ich Forschungsergebnisse von besonderen Tragweite beschreibe. Ich möchte zeigen, daß sie für unsere Gegenwart und Zukunft von höchster Bedeutung sind.

Im letzten Kapitel behandle ich einige ethische und juristische Probleme die die medizinisch-genetische Forschung aufwirft. Es wäre absurd, die heutigen Entwicklungen, der Forschung auf dem Gebiet der Genetik, die den Menschen viel Gutes bringen können, zu diffamieren, weil Genetik früher zu politischen Zwecken mißbraucht wurde. Die beste Waffe gegen Exzesse ist ein ständiger Dialog zwischen Wissenschaft, Staat und Bevölkerung. Eine solche Auseinandersetzung ist nur sinnvoll, wenn alle Teilnehmer ausreichend informiert sind.

1. Gentechnik: Erwartungen und Realität

Im täglichen Sprachgebrauch werden die Begriffe Gentechnik und Biotechnologie oft synonym gebraucht, obwohl sie unterschiedliche Tätigkeitsfelder beschreiben. Die Biotechnologie umfaßt Teilbereiche der Biologie, der Chemie und der Verfahrenstechnik und wird von der „European Federation of Biotechnology" definiert als „der gemeinsame Einsatz von Natur- und Ingenieurwissenschaften mit dem Ziel, Organismen, Zellen, Teile von Organismen sowie molekulare Analoge für Produkte und Dienstleistungen technisch zu nutzen". Die Gentechnik hingegen umfaßt molekularbiologische Methoden zur Bildung von Konstrukten aus Genen oder Genanteilen unterschiedlicher Herkunft, Überführung dieser Genkonstrukte mittels Vektoren in geeignete Zellen oder Organismen sowie die Expression dieser Genkonstrukte in dem neuen zellulären Umfeld. Wird die Gentechnik anwendungsorientiert eingesetzt (Gentechnologie oder molekulare Biotechnologie), so kann es von der Sache her zu einem gleitenden Übergang zwischen Gentechnik und Biotechnologie kommen. Viele derzeitige biotechnologische Verfahren sind nur auf der Grundlage der Gentechnik möglich; gelegentlich wird daher die Gentechnologie auch als Teilbereich der Biotechnologie angesehen. Die Erwartungen aus Politik und Wirtschaft in die zukünftige Entwicklung der Gentechnik sind groß; gleichzeitig gibt es aber in der Öffentlichkeit zum Teil starke Vorbehalte gegen die Gentechnik.

1.1 Gegenwärtiger Stand

Weltweit ist der Markt für Gentechnik in den letzten Jahren gewachsen. Weltweit wurden in dem Zeitraum von 1981 bis 1995 insgesamt 1.175 Patente für menschliche Gensequenzen erteilt (siehe Kapitel 2); davon befinden sich 76% im Besitz von Firmen, 17% im Besitz von öffentlichen Institutionen und 7% im Besitz von Einzelpersonen [1].

Ein Maß für den Entwicklungsstand der Gentechnik auf dem Gebiet der Pflanzenzüchtung (und damit u. a. auch auf dem Gebiet der späteren Futter- und Lebensmittelproduktion) ist die Anzahl von durchgeführten Freisetzungsvorhaben mit gentechnisch veränderten Organismen. Seit 1986 sind im Rahmen von 3.647 Freisetzungsvorhaben weltweit an mehr als 15.000 Freisetzungsorten in 34 Staaten mindestens 56 verschiedene Kulturpflanzenarten nach gentechnischer Veränderung angebaut worden .

In 12 Ländern der EU-Staaten wurden im sog. „SNIF" –Verfahren [2] insgesamt 781 Freisetzungen gemeldet (Stand: Jannuar 1997). Im EU-Vergleich liegt Österreich an letztet Stelle, jedoch sollte nicht unbeachtet bleiben, daß rund 82% der Freisetzungen im Bereich der EU in den fünf EU-Staaten Frankreich, England, Italien, Belgien und den Niederlanden stattgefunden haben.

Ähnlich den von der OECD gemeldeten Transgenen Pflanzen für Freisetzungen weltweit (Brandt,1995) waren die am häufigsten verwendeten gentechnisch veränderten Pflanzen für Freisetzungen im EU-Bereich Mais (*Zea mays*) (29%), Raps (*Brasscia napus*) (28%), Zuckerrüben (*Beta vulgaris*) (16%), Kartoffeln (*Solanum tuberosum*) (14%) und Tomaten (*Lycopersicon esculentum*) (8%) [3] . Bei der Art der gentechnischen Veränderungen liegt bei den Freisetzungs-experimenten im EU-Bereich auch weiterhin Herbizidresistenz mit 56% an der Spitze von der Insektenresistenz (19%), der Veränderung von Inhaltsstoffen (13%) und der Virusresistenz (12%) [4] .

---

1 Gottschling, „Endspurt um die Gene", Focus 43/96

2 SNIF = Summary Notificatio C. Information Format; die einzelnen EU-Staaten haben zu unterschiedlichen Zeitpunkten Gentechnik-relevante Regelungen der EU in nationales Recht umgesetzt und in den Regel auch dann erst mit dem SNIF Verfahren begonnen, so daß bei dieser Zählweise nicht alle Freisetzungen seit 1986 erfaßt zu sein brauchen.

3 Prozentangaben bezogen auf die Anzahl der Freisetzungen dieser fünf gentechnisch veränderten Pflanzen (Stand : Januar 1997).

4 Prozentangaben bezogen auf die Anzahl der Freisetzungen mit Pflanzen, deren gentechnische Veränderungen zu den genannten vier häufigsten Merkmalsgruppen gehört.

Die große Anzahl von bereits abgeschlossenen Freisetzungsvorhaben in den USA war Anlaß, dort den Betreibern die Möglichkeit einzuräumen, bei Vorliegen von genügend Erfahrung aus bisherigen Freisetzungsvorhaben weitere mit denselben gentechnisch veränderten Pflanzen nur noch anmelden zu müssen. Unter derartige Notifikationen fallen u. a. grundsätzlich Tomaten, Baumwolle, Sojabohnen, Mais, Raps und Kartoffeln. Es besteht die Meinung, daß diese Deregulierung im Zulassungsverfahren der USA zu einer Beschleunigung der Kommerzialisierung von gentechnisch veränderten Pflanzen und von den aus ihnen hergestellten Produkten beigetragen habe (James und Krattinger, 1996).

1.2 Erwartungen

Zu dem Gesamtbild der Erwartungen an die Zukunft der Gentechnik gehören die skeptischen als auch die euphorischen Meinungen. Schon jedem wird aufgefallen sein, wie in der Tagespresse sehr unterschiedlich und abhängig vom Anlaß geurteilt wird. So wurde z. B. aus Anlaß des Welternährungsgipfels, die Notwendigkeit der Gentechnik und ihr innovatives Potential hervorgehoben. Als in den USA 1996 bei dem großflächigen Anbau von transgenen Baumwollpflanzen, die mittels gentechnischer Methoden insektenresistent sein sollten, dennoch durch Insektenfraß große Schäden entstanden, wurde generell den Forschern auf dem Gebiet der Gentechnik mangelnde Glaubwürdigkeit vorgeworfen [5]. Mit dieser Arbeit möchte ich die verschiedenen Entwicklungsmöglichkeiten und Aspekte der Gentechnik analysieren. Die Methoden der Gentechnik können aus heutiger Sicht Einsatz insbesondere in folgenden Bereichen finden:

- Entwicklung und Produktion von Arzneimitteln und Impfstoffen
- Entwicklung neuartiger oder verbesserter Diagnose- und Therapieverfahren

[5] A. Senker, „Selbst schuld“, Die Zeit, 30.08.1996

- Zucht gentechnischer veränderter Nutztiere in der Tierproduktion
- Entwicklung krankheits-, schädlings- und herbizidresistenter Pflanzensorten in der Landwirtschaft
- Entwicklung und Optimierung umweltschonender biotechnischer Produktionsverfahren
- Grundlagenforschung (Erforschung von Aufbau und Funktion des genetischen Materials)

Die Geschwindigkeit, mit der die Ergebnisse der Gentechnik in der praktischen Anwendung umgesetzt werden, erscheint den einen zu früh und übereilt, weil noch weiterer Forschungsbedarf besteht; andere beklagen die Diskrepanz zwischen dem Fortschritt der Forschung auf dem Gebiet der Gentechnik und dem Nachholbedarf gesellschaftlichen Handels und diesem Gebiet. Ein Hauptproblem wird darin gesehen, daß Forschungsergebnisse und Patente nicht schnell genug in marktfähige Produkte umgesetzt werden (Arnold und Gassen, 1996).

Die rasante Entwicklung der Grundlagenforschung auf dem Gebiet der Gentechnik ist mehrheitlich unbestritten. Der dadurch geschaffene Regelungsbedarf kann auf politischer Ebene vielfach nur reagierend abgedeckt werden. Besonderst gravierend fällt dies bei der Entschlüsselung des menschlichen Erbguts auf, ist dieses Projekt doch für die einen die Hoffnung auf Heilung und für die anderen das Horrorszenario vom gläsernen Menschen. In welche gesellschaftliche Bereiche die Umsetzung der Gentechnik als Gen- oder Biotechnologie über ihre praktische Anwendung hinaus einwirken kann, wird daran deutlich, daß und wie verschiedene gesellschaftliche Gruppierungen ihre Haltung gegenüber der Gentechnik definieren.

Risiko und kein Ende?

Die Bevölkerung in der EU und damit in Österreich stehen technischen Entwicklungen durchaus aufgeschlossen gegenüber. Von genereller

„Technikfeindlichkeit" kann nicht die Rede sein. Nur spezielle Bereiche wie die Gentechnik und die Kernkraft finden derzeit weniger Akzeptanz. Obwohl die Diskussion über mögliche Risiken der Gentechnik schon seit Jahren andauert, ist ein Ergebnis nicht abzusehen. Es bleibt sogar zu fragen, ob erwartet werden kann und soll, ein abschließendes Ergebnis zu diesem Thema jemals zu erhalten.
Entscheidungen über die Zumutbarkeit von Risiken beruhen immer auf einer subjektiven Abwägung von Folge- und Orientierungswissen. Renn (1996) weist darauf hin, daß niemand die Zumutbarkeit oder Unzumutbarkeit etwaiger Risiken der Gentechnik logisch eindeutig ableiten könne. Erst die diskursive Auseinandersetzung mit diesen beiden Wissenselementen ermöglichen eine faire Entscheidung. Ein derartiger Diskurs brauche Offenheit des Ergebnisses, ein klares Mandat und Begründungszwang für Wissenselemente und ethische Normen.

Die wirtschaftlichen Perspektiven der Gentechnik

Jede moderne Technologie beinhaltet sowohl einen Nutzen als auch Risiken für unsere Gesellschaft. Bei der Bio- bzw. Gentechnologie werden auf der einen Seite betriebs- und volkswirtschaftliche Vorteile durch die Schaffung neuer Arbeitsplätze in konkurrenzfähigen Industriebetrieben sowie den Export von Forschungs- und Entwicklungsintensiven Gütern sichtbar, während gleichzeitig auf der anderen Seite gesundheitliche und ökologische Risiken bei dieser Querschnitts- und Zukunftstechnologie berücksichtigt werden müssen.
Da die USA zur Zeit die unangefochtene Spitzenposition in der kommerziellen Biotechnologie besitzen, werde ich viele amerikanische Wirtschaftsdaten verwenden. Dabei berücksichtige ich, daß praktisch alle Innovationen und Entwicklungen aus den USA mit einer zeitlichen Verzögerung auch in Europa greifen. Deshalb kann die zukünftige wirtschaftliche Bedeutung der Biotechnologie in der EU durch die Analyse der amerikanischen Situation vorhergesagt werden.

Die Bereiche Pharma und Medizin

Der pharmazeutisch/medizinische Sektor der Biotechnologie besitzt gegenüber der Landwirtschaft und Lebensmittelindustrie einen Vorsprung von etwa 10 Jahren. Die Bereiche Medizin und Pharma zur Zeit eindeutig den Schwerpunkt der kommerziellen Biotechnologieforschung. So sind z. B. 68% der amerikanischen Biotechnologieindustrie in diesen Bereichen tätig. Da gleichzeitig auch alle Zulieferfirmen der Pharmabranche zugerechnet werden müssen, konzentrieren sich insgesamt über 80% aller amerikanischen Biotechnologieunternehmen in Pharma/Medizinsektor. Dagegen gehören nur 9% aller Unternehmen der Ernährungsindustrie oder Landwirtschaft an (Biotech 94, 1993).

Bei der Gen- bzw. Biotechnologie als eigenem Wirtschaftszweig handelt es sich noch immer um eine sehr junge Technologie. So wurde die moderne Biotechnologie in den letzten 25 Jahren durch fünf Innovationen geprägt, die alle mit einem Nobelpreis ausgezeichnet wurden. Hierzu zählen die Entdeckung der Restriktionsendonukleasen durch Smith (1970), die in vitro Rekombination von Nukleinsäuren durch Cohen und Boyer (1973), die Herstellung monoklonaler Antikörper durch Köhler und Milstein (1975), die enzymatische DNA-Sequenzierung durch Sanger (1977) und die Entwicklung der Polymerasekettenreaktion (PCR) durch Mullis (1985). Seit den frühen siebziger Jahren macht die pharmazeutisch/medizinische Biotechnologieindustrie eine rasante Entwicklung durch, deren Höhepunkt längst noch nicht abzusehen ist. Nur zwei Jahrzehnte nach dem Beginn der kommerziellen modernen Biotechnologie beschäftigen die Branchenführer „Amgen“ und „Genentech“ bereits 4.000 bzw. 2.800 Mitarbeiter (Biotechnol. News, 1996).

2. Das Genomprojekt und die Patentierbarkeit von Genen

2.1 Einleitung

„Erkenne Dich selbst", pflegte Sokrates zu sagen. Indem wir die Geheimnisse des Genoms erforschen, versuchen wir eben diese alte Maxime zu beherzigen. Diejenigen, die einem engstirnig utilitaristischen Wissenschaftsverständnis verpflichtet sind, mag das Vorhaben wie eine Traumvision anmuten. Aber auch wenn es nicht dem praktischen Leben zugute käme, auch wenn keine unstrittigen Wohltaten für die Menschheit daraus hervorgingen, wäre die bloße Erkenntnis, wie wir gemacht sind, worin die Geschichte unserer Spezies besteht, schon an sich ein Ziel, für das es sich zu kämpfen lohnte. Ein Großteil der wissenschaftlichen Forschung ist ausschließlich vom Erkenntnisdrang motiviert. Wem dienen die Forschungen im Weltraum oder die Teilchen-Beschleuniger? Was hat der normale Bürger davon? Wenig oder gar nichts. Und doch wird in dieser Richtung geforscht, weil sich die Horizonte unseres Wissens immer weiter ausdehnen müssen. Das Genom-Projekt aber wird für unser aller Leben höchst bedeutsame Folgen haben.

In den letzten Jahren haben die Fortschritte in der Technologie und grundlegende neue Einsichten zu einer Revolution innerhalb der Biologie geführt, die die Medizin zu verändern beginnt. Diese Umwälzung wird sich im 21. Jahrhundert noch beschleunigen und zu weiterreichenden Entwicklungen führen, insbesondere die Entzifferung des menschlichen Genoms, des Bauplans des Lebens. Das Genom-Projekt ist dabei die Enzyklopädie des Lebens zu schaffen, die Biologen und Medizinern über den Computer einen direkten Zugriff auf die Geheimnisse unserer Chromosomen ermöglicht.

In den USA wurde vor kurzem die Kartierung und Sequenzierung des menschlichen Genoms als nationale Aufgabe definiert. Ähnlich wie 1961, als Präsident John F. Kennedy die Durchführung des Mondlandeprogramms beschloß, haben sich die USA hier ein wichtiges Ziel von hohem öffentlichen Interesse gesetzt. Die Kosten der Sequenzierung von ca. drei Milliarden Basenpaaren (BP), die die menschliche DNA bilden, sind in der Größenordnung zwar kleiner als die Aufwendungen für die Erforschung des Mondes, die Auswirkungen des Human Genom Project auf das Leben der Menschen werden aber sehr viel größer sein.

Die vollständige Entschlüsselung des menschlichen Genoms, d. h. der Gesamtheit der menschlichen Erbanlagen sollte bis zum Jahre 2005 fertig sein. Befürworter des Genomprojekts weisen auf die enorme Zunahme an Wissen und die damit verbundenen Fortschritte in der biologischen Grundlagenforschung sowie Medizin, Landwirtschaft und Industrie. Skeptiker befürchten, daß Individuen und Gesellschaften Gefahr laufen, von der Beschleunigung der Genomforschung durch das Genomprojekt überrollt zu werden. In zehn Jahren wird man vielleicht in der Lage sein, jeden Menschen auf eine Vielzahl von genetischen Krankheiten und Krankheitsdispositionen zu testen. Wie soll der Mensch mit dem Wissen über seine genetische Disposition umgehen? Wie soll die Gesellschaft einen eventuellen Mißbrauch genetischer Informationen durch Arbeitgeber oder Versicherungen verhindern? Wie soll das ungeborene Leben vor Auswüchsen der pränatalen Diagnostik geschützt werden? Das sind Fragen, auf die bereits innerhalb der nächsten Jahre Antworten gefunden werden müssen. Auch die Wissenschaftler lassen diese Fragen nicht blind und die Forschungsprogramme schließen unabhängige Studien zu sozialen und ethischen Folgen der Genomforschung ein (Cook-Deegan, 1994; Laplace, 1995).

Triebfedern des Genomprojekts sind wissenschaftliche Neugier, medizinische Notwendigkeit und kommerzielles Interesse. Die Identifikation von Genen, Genfunktionen und Gendefekten trägt dazu bei, Krankheitsmechanismen auf molekularer Ebene zu verstehen. Das Verständnis dieser Abläufe ist die Grundvoraussetzung für die Entwicklung verbesserter Diagnosetechniken, krankheitsvorbeugender Maßnahmen sowie möglichst nebenwirkungsarmer

Therapien. Auch die biologische Grundlagenforschung wird von dem Genomprojekt profitieren. Die Erforschung der Genomstrukturen und der Evolution wird genauso bereichert werden, wie z.B. die Erforschung von Stoffwechselabläufen und den zugehörigen Enzymen. Die Umsetzung der Ergebnisse der Genomforschung sollen zu einem Innovationsschub hinsichtlich landwirtschaftlich und biotechnologisch nutzbarer Anwendungen führen.
Die derzeitigen Fortschritte der molekularen Medizin können nicht darüber hinwegtäuschen, daß der Weg zur Erkenntnis auch in dieser Disziplin sehr mühsam ist. Für jedes einzelne krankheitsrelevante Gen muß gegenwärtig, soweit nicht schon die Ergebnisse des Genomprojekts zur Anwendung kommen können, ein eigener experimenteller Zugang gefunden werden. Die Arbeiten hierzu sind zeitraubend und kostenintensiv. Die Erforschung eines einzigen Krankheitsgenes erstreckt sich häufig über mehrere Jahre und schlägt mit vielen Mio. Dollar zu Buche, die Identifizierung des Gens für die Mukoviszidose beispielsweise hat ca. 150 Mio. US-$ gekostet (Hood, 1993). Das Genomprojekt soll hier Abhilfe schaffen. Durch die Beteiligung vieler Forschergruppen aus der ganzen Welt und deren koordinierte Zusammenarbeit sollen eine Reihe von Zielen verwirklicht werden, die auf unterschiedlichen Ebenen liegen. Wieviel Zeit wird man brauchen, um dem menschlichen Genom auf den Grund zu kommen? Und was wird diese Forschung kosten? Alles hängt von der Technologie ab. Der Kern des Genomprojekts ist die Katalogisierung und Entschlüsselung der 100.000 menschlicher Gene, die Nucleotidsequenz der menschlicher DNA zu bestimmen. Dazu müssen zunächst die logistischen und experimentellen Voraussetzungen geschaffen werden: Das Erarbeiten von Strategien für eine umfassende Analyse des Erbmaterials, die technische Weiterentwicklung von Analyseverfahren und die Entwicklung geeigneter Datenverarbeitungssysteme, um die zu erwartende Datenflut speichern und bearbeiten zu können. Die Entwicklung und Anwendung eines größtmöglichen Ausmaßes an Automatisation soll helfen, das Kosten/Nutzen- Verhältnis zu optimieren.

2.2 Die Anfänge des Genomprojekts

Die umfassende Klärung der genetischen Information des Menschen schien 1953, als Francis Crick und James D. Watson die Doppelhelixstruktur der DNA aufdeckten (J. D. Watson, F. H. C. Crick, 1953), ein undenkbares Forschungsziel zu sein. Damals konnten selbst sehr kurze DNA-Moleküle nicht sequenziert werden, und es bestand keine Aussicht darauf, die gesamte menschliche DNA in Form von Einzelstücken der chemischen Analyse zugänglich zu machen.

Der entscheidendste Fortschritt war die Einführung der rekombinierten DNA im Jahre 1973. Mit Hilfe dieser Methode konnte man ein DNA-Fragment aus einem Genom herausschneiden und, neu kombiniert, in ein anderes einspleißen. Die Schere zum Schneiden sind Proteine, die als Restriktionsenzyme bezeichnet werden (Davis, 1990).Die rekombinierte DNA eröffnet eine ungeheure Isolierung einzelner menschlicher Gene und die Bestimmung ihrer Funktion. In den 70er Jahren entwickelten Gilbert und Allan M. Maxam an der Harvard Universität und Fred Sanger an der Universität Cambridge, England, Technologien, Sequenzierungstechniken, mit deren Hilfe heute schon fast routinemäßig in einem einzigen Experiment 300-500 BP einer DNA-Sequenz geklärt werden können. Zu Beginn der 80er Jahre erfanden Wissenschaftler am California Institute of Technology, die den Sequenzierungsvorgang automatisieren und beschleunigen sollte.

Das Genomprojekt entstand weitgehend aus Initiativen, die Robert Sinsheimer und Charles DeLisi mitte der 80er Jahre angeregt hatten. Sinsheimer, ein Molekularbiologe, hatte 1969 erklärt, daß die Molekularbiologie eine neue und grenzenlose Aussicht für den Menschen eröffne, indem sie die Wissenschaftler in die Lage versetze, neue Gene und neue Eigenschaften zu schaffen. 1977 wurde Sinsheimer Kanzler der University of California in Santa Cruz. Er hatte die Vision, ein großes Projekt zur Erforschung des menschlichen Genoms in Santa Cruz ins Leben zu rufen (R. Sinsheimer, 1969).

Charles De Lisi, von Haus aus Physiker, war der Direktor des Office of Health and Enviroment im Energieministerium (Department of Energy, DOE) in Washington. Das Ministerium, das auf das Manhatten-Projekt und die Erfindung der Atombombe im Zweiten Weltkrieg zurückging, hatte lange Zeit die Forschung auf dem Gebiet der genetischen Mutationen, gefördert. 1983 hatte er eine große Datenbank, eine Genbank, für Informationen über DNA-Sequenzen am Los Alamos National Laboratory in Los Alamos, New Mexico aufgebaut.

Im Mai 1985 vereinte Sinsheimer ein Dutzend führende amerikanischer und europäischer Molekularbiologen in Santa Cruz zu einem Workshop, der sich mit technischen Aussichten eines Genomprojekts beim Menschen befaßte. Im März 1986 organisierte DeLisi in Los Alamos einen ähnlichen Erfahrungsaustausch zum selben Thema.

Nach dem Treffen schlug DeLisi und seine Kollegen beim DOE vor, bestimmte von der Regierung finanzierte Laboratorien zum amerikanischen oder sogar weltweiten Zentrum der Arbeit am humanen Genom zu machen.

Eines der entscheidenden Ereignisse, die zu dem Projekt führten, war eben die Veröffentlichung des Leitartikels des Nobelpreisträgers Renato Dulbecco am 7. März 1986 in *Science* (Renato Dulbecco, 1986). Dulbecco, dessen Aufmerksamkeit sich auf Krebserkrankungen konzentrierte, vertrat die Auffassung, daß man alle damit verbundene Gene bestimmen müsse, um diese komplexe Krankheit voll zu begreifen und zu bekämpfen. Diese Forschung könnte zwar auch „Durch eine schrittweise Vorgehensweise" geschehen, aber es wäre weit sinnvoller, das gesamte menschliche Genom zur Verfügung zu haben. Er erweiterte dann seine Perspektive und wies darauf hin, daß viele Bereiche der Biologie davon profitieren würden. Er verlangte deshalb „eine nationale Anstrengung,.....vergleichbar mit der, die zur Eroberung des Weltraumes führte", und betonte, daß „ die Sequenz der DNA die Realität unserer Spezies ist".

1986, nachdem Renato Dulbeccos Artikel in *Science* veröffentlicht und eine entscheidende Konferenz über die Molekularbiologie des *Homo sapiens* in Cold

Spring Harbor abgehalten worden war, wurde klar, daß ein Sequenzierungsprojekt des menschlichen Genoms wahrscheinlich war.

Anläßlich des Symposiums in Cold Spring Harbor im April 1988 wurde von den Wissenschaftlern die Gründung der „Human Genome Organisation"(HUGO)[1] beschlossen. Im September gleichen Jahres fand die konstituierende Versammlung der Organisation in Montreux (Schweiz) statt. Die anfängliche Finanzierung von HUGO wurde von zwei privaten Institutionen übernommen, dem „Howard Hughes Medical Institute" (USA) und dem „Imperial Cancer Research Fund" (GB). HUGOs primäre Aufgabe sollte darin bestehen, die internationale Zusammenarbeit der einzelnen Forschungsteams zu koordinieren. HUGOs Gründungsväter, 42 Wissenschaftler aus 17 Nationen, betrachten diese Organisation aber auch als Gegenpol zu den politischen und administrativen Kräften innerhalb der staatlichen Forschungsorganisation (Cook-Deegan, 1994).

---

[6] HUGO ist kein Forschungsinstitut, sondern eine Organisation, die Erstellung, Speicherung und Austausch von Informationen auf diesem Gebiet koordiniert.

Drei wesentliche Merkmale der Human Genome Organization:

- HUGO ist eine Organisation von Wissenschaftlern und anderen Personen mit wissenschaftlichem Interesse am Projekt des menschlichen Genoms. Sie wurde von Wissenschaftlern zum Nutzen der Wissenschaft gegründet.
- HUGO ist eine internationale Organisation, deren Tätigkeit sich nicht auf bestimmte geographische Gebiete beschränkt.
- HUGO arbeitet als Vermittler und finanziert selbst keine Forschungsarbeiten. Sie verschafft Wissenschaftlern die Möglichkeit, ihre Befunde zu teilen und zu vergleichen, zum Nutzen aller und für den Fortschritt des Projekts des menschlichen Genoms.

2.3 Ziele und Kosten

Die Ziele des Genomprojekts sind im Laufe seiner kurzen Geschichte einige Male neu definiert worden. Nach eingehender Diskussionen gelangten die Wissenschaftler zu der Erkenntnis, daß vor der eigentlichen Sequenzierung zunächst die nötige Logistik in Form von möglichst detaillierten Genkarten, effizienteren Sequenzierungstechniken und Datenbanken geschaffen werden müßte. 1990 legten die „National Institutes of Health" (NIH) und das „Department of Energy" (DOE) einen gemeinsamen Strategie- und Zeitplan für da Genomprojekt vor, der drei Abschnitte von jeweils fünf Jahren umfaßte (Hood,1993). Im ersten Abschnitt sollte vorwiegend an den Genkarten des Menschen und einiger anderer Organismen gearbeitet werden. Die Technologien (Automatisierung, Datenverarbeitung) sollten sich zunächst auf biologisch besonders interessante Bereiche beschränken, die Sequenzierung der Genome von sogenannten Modellorganismen (siehe Abschnitt 2.4) wurde im vollen Umfang aufgenommen. Für die zweite Phase (1996-2000) wurde im wesentlichen eine qualitative Steigerung der Zielsetzung der ersten Phase geplant. Die menschliche Genkarte und die technischen Voraussetzungen für die Sequenzierung sollen optimiert werden. Von der menschlichen DNA sollen weiterhin nur biologisch wichtige Bereiche sequenziert werden, die Sequenzierung der Modellgenome wird im Verlauf dieses Abschnitts abgeschlossen werden. Während der letzten Phase dann soll die Sequenzierung der menschlichen DNA im Mittelpunkt stehen, so daß im Jahre 2005 rund 95% des Genoms als Nukleotidsequenz vorliegen. Aufgrund unerwarteter methodischer Fortschritte wurden 1993 die Zielsetzungen des amerikanischen Genomprojekts modifiziert. Der neue Fünfjahresplan umfaßt die Finanzjahre 1994-1998, und die Ansprüche z. B. an die Qualität der genetischen Karte und die Datenverarbeitung wurden in die Höhe geschraubt (Collins und Galas,1993). Im Gegensatz zum ersten Plan wurde auch ausdrücklich die Genidentifizierung mit in das Programm aufgenommen.

Wissenschaftler und Administration hatten sich von Anfang an Gedanken über die Kosten des Genomprojekts gemacht und ihnen war klar, daß solch ein Unterfangen nicht zum Billigtarif zu haben ist. Anfängliche Kalkulationen gingen von ungefähr 1US-$ pro sequenziertem Nukleotid aus. In diesem Betrag eingeschlossen sind die Erzeugung von sequenziergerechten DNA-Fragmenten, die Sequenzierung selbst und das computergestützte Zusammensetzen der Fragmente (Cantor, 1993). Da sich aber inzwischen die technischen Voraussetzungen geändert haben, muß dieser Wert sicherlich korrigiert werden. Collins und Galas (1993) rechnen mit einer Reduzierung der Kosten auf 0,5 US-$ pro Nukleotid . Die Geldmittel, die von den USA für die Genomforschung zur Verfügung gestellt wurden, steigerten sich von 5 Mio. US-$ 1987 auf 90 Mio. US-$ im Jahre 1990 (Cook-Deegan, 1994). Im Oktober 1990 – dem offiziellen Start des Genomprojekts in den USA- sagte die Regierung 200 Mio. US-$ jährlich zu. Die tatsächlich zugewiesenen Mittel blieben darunter und pendelten sich bei ca. 170 Mio. US-$ pro Jahr ein (Collins, 1995).

2.4 Modellorganismen

In weiser Voraussicht beschränkten die Begründer des Genomprojekts die Anstrengungen nicht nur auf das menschliche Genom, sondern eine Reihe von Lebewesen wurde in das Programm mit eingeschlossen. Dazu gehörten Organismen, die hinsichtlich ihrer Genetik bereits gut untersucht sind, wie z. B. die Fruchtfliege (*Drosophila melanogaster*) oder die Bierhefe (*Saccharomyces cerevisiae*) sowie Organismen, deren Genome klein und kompakt sind und die deshalb aus technischen Gründen einfacher und schneller sequenziert werden können.

In Tab. 1 sind einige der Modellorganismen mit ihren Genomgrößen, der Anzahl ihrer Gene und dem Quotienten aus beiden aufgeführt. Aus der Tabelle lassen sich zwei biologische Phänomene ablesen. Erstens haben verschiedenartige Organismen unterschiedliche Genomgrößen und eine unterschiedliche Anzahl von Genen. Genomgröße und Genzahl verhalten sich proportional zur Komplexität der Organismen (es gibt allerdings auch Ausnahmen von dieser Regel). Und zweitens unterscheiden sich die Organismen auch in dem Verhältnis von Genzahl zu Genomgröße, das in der dritten Spalte aufgeführt ist. Dieses Verhältnis ist bei Mensch und Maus relativ klein, verglichen etwa mit dem der einfacheren Organismen. Bei letzteren muß man deshalb vergleichsweise weniger Sequenzen bestimmt werden, um ein Gen entschlüsseln zu können. Mit anderen Worten: Einfache Organismen bringen mehr Information fürs gleiche Geld. Von diesen Überlegungen abgesehen ist der Grund für die Existenz solch enormer Unterschiede in dem Verhältnis von Genzahl zu Genomgröße ein Rätsel.

Tab. 1: Genomgröße und Anzahl der Gene einiger Organismen, die im Rahmen des Genomprojeks untersucht werden

Organismus pro Mb (gerundet)	Genomgröße (Mb)	Genzahl (teilw. geschätzt)	Gene
*Mycoplasma genitalium**[1]	0.58	470	800
*Haemophilus influenzae**[2]	1.8	1.743	950
*Saccharomyces cerevisiae**[3]	13	5.800	450
Arabidopsis.thaliana [4]	100	25.000	250
Caenorhabditis elegans [5]	100	13.000	130
Drosophila melanogaster [6]	140	20.000	150
Mus musculus [7]	3.300	80.000	24
Homo sapiens [7]	3.300	80.000	24

*: Genome bis zum Herbst 1996 vollständig sequenziert; 1: Fraser et al., 1995; 2: Fleischmann et al., 1995; 3: Dujon, 1996; 4: Goodmann et al., 5: Waterston und Sulston, 1995; 6: Nüsslein-Volhard, 1994; 7: Antrquera und Bird, 1993.

Warum haben Mäuse und Menschen mehr DNA pro Gen als der Fadenwurm? Gibt es dafür einen biologischen Grund oder hat sich das nur im Verlaufe der Evolution „so ergeben“ ? Auf Fragen wie diese wird man erst nach der

Sequenzierung von mehreren unterschiedlichen Genomen eine Antwort geben können.

Ein zusätzlicher Grund, andere Organismen in die Genomforschung einzubeziehen, liegt auf der Proteinebebe. Nukleotidsequenzen lassen sich per Computer in Aminosäuresequenz weisen (mit Einschränkung) auch ähnliche dreidimensionale Strukturen auf und üben häufig auch ähnliche Funktionen aus. Solche Proteine oder Proteinbereiche sind „konserviert", d. h. über die Evolution der Arten hinweg erhalten geblieben. Viele, möglicherweise sogar die meisten Proteine in den Modellorganismen haben im Menschen entsprechende Gegenstücke. Ist die Funktion eines bestimmten Proteins in irgendeinen Organismus bekannt, kann auf die Funktion des menschlichen Proteins rückgeschlossen werden. Die Erforschung anderer Lebewesen kann unter diesem Aspekt als „Verlängerter Arm" der Humanbiologie betrachtet werden. Ist die Funktion des Proteins hingegen weder im Menschen noch in einem der anderen Lebewesen bekannt, ermöglichen die Modellorganismen einen experimentellen Zugang zu seiner Erforschung (Oliver, 1996; Miklos und Rubin, 1996).

2.5 Stand der Forschung

Anläßlich des fünften Geburtstages des US-Genomprojekts im Oktober 1995 brachten eine Reihe renommierter wissenschaftlicher Zeitschriften Artikel, in denen die Ergebnisse der ersten fünf Jahre des Genomprojekts gewürdigt wurden. Es gab allen Grund zu feiern: Mit weniger Geld als veranschlagt kam man weiter als geplant (Collins, 1995). Welches andere Projekt kann das von sich behaupten?
Genetische Karten: Im März 1996 berichteten Forschungsgruppen die Fertigstellung von Genkarten der Maus (Dietrich, 1996) und des Menschen (Dib et al.,1996). Beide Genkarten übertreffen bezüglich ihrer Genauigkeit die bis dahin verfügbaren Karten bei weitem und gehen zudem über die bis zu diesem Zeitpunkt angesteuerte Auflösung hinaus: Ein Marker pro 400.00 bp (Maus) bzw.

pro 700.000 bp (Mensch). Dieser Fortschritt wurde durch die Einführung von Mikrosatelliten-Markern ermöglicht. Jordan und Collins (1996) sagen voraus, daß mit Hilfe dieser Genkarten das Kartieren genetischer Defekte, die durch nur ein Gen bedingt werden, auch von einem „normalen „ Labor innerhalb weniger Monate durchgeführt werden kann. Weiterhin äußerst schwierig bleibt die Kartierung von Krankheiten, zu deren Ausprägung mehrere Gene und umweltbedingte Faktoren beitragen (z. B. Schizophrenie, jugendliche Diabetes).

Sequenzierungstechniken: Auf der Ebene der Sequenzierungstechniken werden verschiedene Ansätze weiterverfolgt, die von der Verbesserung der derzeitigen Verfahren bis zur Entwicklung vollkommen neuartigen Techniken reichen. So konnte zum Beispiel in den letzten Jahren die Effizienz automatischer Sequenzierungsgeräte um den Faktor 2 bis 3 gesteigert werden (Guyer und Collins, 1995). Die Weiterentwicklung der Sequenzierungsautomaten wird auf verschiedenen Ebenen (Trennung der Fragmente, Detektion, Automatisation, Miniaturisierung) vorangetrieben. Völlig neuartige Verfahren, die im Gegensatz zu den derzeitigen nicht mehr auf einer Trennung von DNA-Fragmenten beruhen, werden derzeit von einer Reihe von Labors entwickelt. Hierzu gehören z. B. auch massenspektroskopische Methoden zur DNA-Analyse. Es ist jedoch absehbar, daß von der Entwicklung bis zur Serienreife neuer Sequenzierungsverfahren, ob sie nun auf der Weiterentwicklung der derzeitigen Geräte oder auf ganz neuen Konzepten beruhen, ein weiter Weg ist.

Modellorganismen: Entsprechend den Zielvorgaben durch die Fünfjahrespläne ist die Sequenzierung der Modellgenome mit Nachdruck vorangetrieben worden. Bis jetzt liegen die vollständigen Sequenzen von folgenden Organismen vor (Stand: 2002):

Eukaryonten :

- Vollständige Genome:

Anopheles gambiae, Arabidopsis thaliana, Caenorhabditis elegans, Drosophila melanogaster, Encephalitozoon cuniculi, Guillardia theta nucleomorph genome,

Saccharomyces cereviisiae, Plasmodium faciparum, Schizosacchrromyces pombe

- Genetische Karten (maps):

Vertebrates:

Homo sapiens, Mus musculus, Rattus norvegicus, Zebrafish (Danio rerio)

Pflanzen:

Avena sativa, Hordeum vulgare, Oryza sativa, Triticum aestivum, Zea mays

- Chromosomen

Leishmania major

Prokaryonten:

- Vollständige Genome:

Bakterien: 83 (*z.B. Agrobacterium t., Bacillus, Esherichia coli, Haemophilus influenzae, Heliobacter, Staphylococcus)*

Archaea: 16 (*z.B. Methanococcus jannaschii, Pyrococcus.)*

Viren 993 8 (*z.B. Adenovirus, Hepatitis B, Human Herpesvirus)*

2.6 Über die Erforschung des menschlichen Genoms

Der wichtigste Grund für alle Bemühungen um die Erforschung des menschlichen Erbgutes ist die Suche nach Ursachen von Erbkrankheiten. In den westlichen Industrieländern, wo viele der häufigen Infektionskrankheiten durch Maßnahmen der allgemeinen Hygiene, durch Impfungen und Antibiotika weitgehend unter Kontrolle gebracht werden konnten, beanspruchen Erbkrankheiten einen beachtlichen Teil der allgemeinen ärztlichen Tätigkeit.

Man schätzt, daß 5 bis 10% der Patienten, die einen Arzt aufsuchen, an einer genetischen Krankheit leiden. Von einigen Ausnahmen abgesehen, ist für sich genommen jede Krankheit, die auf die Schädigung eines *Einzel-Gens* zurückgeführt werden kann, selten (Tab.2). Insgesamt aber stellen sie eben einen beträchtlichen Teil menschlicher Krankheiten dar.

Zu den Krankheiten, die durch Schädigung eines Einzel-Gens entstehen, kommen andere Krankheiten, die *polygen vererbt* werden. Das heißt, mehrere oder viele Gene sind für die Ausprägung eines Merkmals verantwortlich; und der Ausfall eines Gens in dieser Gruppe von Genen hat oft einen geringen Effekt auf das Merkmal, also auf das klinische Erscheinungsbild.

Ein weiteres Kennzeichen polygen vererbter Krankheiten ist ihr Auftreten in höherem Lebensalter und der Einfluß der Umwelt-Faktoren. Eigentlich ist es daher oft nicht die Krankheit selbst, sondern eine Disposition zur Krankheit, die vererbt wird. Die Forschung über polygen vererbte Krankheiten des Menschen steht noch ganz am Anfang.

Tab. 2: Einige autosomal vererbte Krankheiten. Störungen von Einzel-Gen-Funktionen

Krankheit	Genprodukt	Lokalisation im Genom
Galactosaemie	Galactose-I-Phosphat-Uridyl-Transferase	9p
Phenylketonurie	Phenylketonhydroxylase	12q
Erbliche Hypercholseterolaemie	LDL-Rezeptor	autosomal
α1-Antitripsin Mangel	α1-Antitripsin	14q
Sichelzell-Anaemie	β-Globin	11p
Thalassaemien	α und β-Globin	11p, 16p
Cystinurie	unbekannt	autosomal
Cystische Fibrose		7p

2.7 Methoden: Genkarten und Sequenzen

Der Durchbruch auf dem Gebiet der Molekularbiologie war die Entdeckung von James Watson und Francis Crick im Jahre 1953, daß es sich bei den Genen um Stränge der Desoxyribonucleinsäure, der DNA, in der Form der Doppelhelix handelte. Schon bald darauf versuchte man, eine DNA zu entschlüsseln, d. h. ihre Nukleotid-Sequenz zu ermitteln. Die erste Sequenz, mit der das gelang, umfaßte nur 18 Nukleotide (Wu Taylor, 1971). Dies war ein großer Erfolg, aber gleichzeitig war es abzusehen, daß die hierzu verwendete Methode viel zu langsam und zu mühsam war, um damit größere DNA-Abschnitte oder gar ein ganzes Genom sequenzieren zu können. Mitte der 70er Jahre gelang es Sanger und Mitarbeitern (Cambridge, England) sowie Gilbert und Maxam (Cambridge, USA) unabhängig voreinander Sequenzierungsmethoden mit einer wesentlich höheren Effizienz zu entwickeln. Sanger verwendete sein Verfahren, die sogenannten Kettenabruchmethode, um das Genom eines Bakteriophagen mit immerhin mehr als 5.000 Nukleotiden vollständig zu sequenzieren (Sanger et al., 1977). Diese neuartige Methode sollte es im Prinzip ermöglichen, das Genom eines jeden Lebewesens zu sequenzieren.

Die Erschließung des menschlichen Genoms läßt sich in drei Phasen teilen, die sich hinsichtlich der jeweils zu bewältigenden Arbeit in ihrer Dimension grundsätzlich unterscheiden. Zum ersten muß die DNA, die zwei Meter lang ist, in geordnete kleinere Fragmente zerlegt werden – ein Vorgang, der als *Physikalische Kartierung* bezeichnet wird. Die zweite Phase, die Bestimmung der Sequenz sämtlicher Basenpaare aller Chromosomen. Die dritte Phase, die Gene selbst zu erforschen, wird sich die Biologie im gesamten nächsten Jahrhundert beschäftigen.

Neben der Bestimmung der Basenabfolge wird das Projekt zwei weitere Karten des Genoms erstellen. Genetische Karten werden die Vererbung von DNA-Regionen in menschlichen Populationen erfassen und bestimmte DNA-Regionen mit Krankheiten in Zusammenhang bringen. Sie sind Hilfsmittel für die Identifizierung von Genen. Physikalische Karten werden DNA-Forschungsmaterial liefern. Durch die Kombination der genetischen und physischen Karte wird schließlich das menschliche Genom definiert.

In den 80er Jahren machte die Molekularbiologie in vielen Bereichen rapide Fortschritte. Neue Klonierungs- und Analysetechniken ermöglichten nun auch den Umgang mit DNA-Fragmenten bis zu einer Größe von mehreren Millionen Basenpaare (Schwartz und Cantor, 1984; Burke et al., 1987). Die Kartierung von Genen, d. h. die Zuordnung von Erbmerkmalen zu bestimmten Chromosomen, wurde durch die Verwendung von neuartigen Methoden wesentlich beschleunigt (Botstein et al., 1980). Die Anzahl der kartierten Gene stieg in dieser Zeit sprunghaft an. Hatte man bis in den 70er Jahre ca. 450 Gene kartiert, betrug ihre Anzahl Mitte der 80er Jahre bereits ca. 1.500 (Bishop und Waldholz, 1990).

Das Ziel des Genomprojekts ist eine Bestimmung der Abfolge der Basenpaare, aus denen jedes menschliche Chromosom besteht. Diese Sequenz wird die detaillierte Karte des menschlichen Genoms sein.

Genetische Karten sind Darstellungen von Krankheitsmerkmalen, physiologischen Merkmalen oder zufälligen Polymorphismen, die bestimmten Chromosomen zugeordnet und im Verhältnis zueinander erfaßt werden können, indem man die Übertragung wechselnder Formen dieser Merkmale in Familien verfolgt. Dieses Modell einer genetischen Karte zeigt die Lage von acht Markern (A-H), wie Genen oder Polymorphismen entlang des Chromosoms. Das Dreieck kartiert einen kleinen Teil des Chromosoms detaillierter. Entfernungen innerhalb genetischer Karten werden in Centimorgan gemessen, wobei ein cM etwa 1 Million Basenpaaren entspricht.

Physikalische Karten sind keine Darstellungen, sondern sich überlappende Sammlungen von DNA-Fragmenten. Diese Fragmente, die in Kilobasen oder kb gemessen werden, können anhand verschiedener Methoden analysiert werden, um so die Abfolge der DNA Base für Base zu ermitteln (Aus „Der Supercode",Kevles/Hood).

Methoden: PCR, STS und EST

Es gab eine Reihe von technischen Neuerungen, die zum Zeitpunkt der Planung des Genomprojekts nicht vorhersehbar waren (Olsen,1995). Eine davon ist die Entwicklung der Polymerasekettenreaktion (polymerase chain reaction, PCR), mit deren Hilfe DNA-Abschnitte in beliebiger Anzahl vervielfältigt werden können, wenn man nur über jeweils einen kurzen Bereich (16-18bp) bekannter Sequenz an beiden Enden verfügt (Mullis und Faloona, 1987). Dieses Verfahren läßt sich an vielen Proben gleichzeitig durchführen, wodurch DNA-Analysen wesentlich beschleunigt werden. Für das Genomprojekt hat dies weitreichende Konsequenzen, da durch die PCR schnellere und umfangreichere Kartierungstechniken ermöglicht werden.

Kartierungen mit Mikrosatelliten: „Mikrosatelliten" sind Abschnitte von sich 10-50fach wiederholenden, kurzen DNA-Motiven. Die eigentliche Funktion der Mikrosatelliten ist unbekannt. Da sie sehr häufig vorkommen und über das ganze Genom verteilt sind, lassen sie sich als Marker verwenden. Mikrosateliten sind polymorph, d. h. daß die Anzahl der Motivwiederholungen eines gegebenen Mikrosatelitten in Chromosomen verschiedener Herkunft mit hoher Wahrscheinlichkeit unterschiedlich ist. Darin begründet sich der Wert der Mikrosatelliten für genetische Zwecke.

Sequence-Targed-Sites (STS): Mit „sequenzetikettierten Stellen" werden kurze abschnitte (100-1.000 bp) singulärer, d. h. nur einmal im Genom vorkommender DNA bezeichnet. Sie eignen sich als Erkennungsstellen für Genomabschnitte und können zur Herstellung sogenannter physikalischer Karten verwendet werden. Physikalische Karten bestehen aus sich gegenseitig überlappenden klonierten Teilabschnitten des Genoms (contags), die entsprechend ihrer natürlichen Reihenfolge angeordnet worden sind und z. B. ein ganzes Chromosom überspannen. Der Vorteil von Mikrosatelliten- und STS-Kartierungen liegt darin, daß sie experimentell weniger aufwendig sind als ältere Methoden und durch den PCR-Schritt im großen Maßstab und automatisiert durchgeführt werden können.

Expressed-Sequence-Tags (ESTs): Nur ein kleiner Teil des Genoms, ca. 5%, wird unmittelbar in Prtotein „übersetzt". Die restlichen 95% bestehen aus Regulativen Abschnitten sowie Bereichen deren Funktion, falls es eine gibt, man noch nicht kennt. Diese Eigenschaft haben sich einige Wissenschaftler zu Nutze gemacht, um einen alternativen Weg einzuschlagen. Sie arbeiten nur mit den tatsächlich in Protein übersetzten, exprimierten Bereichen (ESTs). Das hat zwar einige systembedingte Nachteile, aber auf der anderen Seite hat die Verwendung der ESTs zu einer rasanten Zunahme von Informationen über exprimierte Gene geführt.

Datenbanken sind ein zentraler Teil des Genomprojekts. Die großen Mengen an Daten, die jährlich, monatlich, wöchentlich von Hunderten von Forschungsstätten erzeugt werden, müssen in die Datenbanken aufgenommen, aufbereitet und zugänglich gemacht werden. Für Informationen unterschiedlicher Art gibt es derzeit separate Datenbanken: DNA-Sequenzen werden z. B. in „GeneBank" gespeichert, Proteinsequenzen in „Protein Information Rescue" und Kartierungsinformationen in „Genome Data Base". Viele wissenschaftliche Zeitschriften verlangen, daß zeitgleich mit der Veröffentlichung eines Artikels die entsprechende Sequenz- oder Kartierungsdaten in einer Datenbank gespeichert werden. Jede Sequenz erhält eine Zugriffsnummer, auf die man sich in einer Publikation bezieht und der sie von den Benutzern der Datenbank abgerufen werden kann.

2.8 Die wirtschaftliche Seite des Genomprojekts

Das kommerzielle Potential des Genomprojekts wurde lange Zeit nicht erkannt. „1987 waren Kapitalanleger nicht interessiert. Man stellt sich die Frage, wie eine Genomfirma überhaupt Geld machen können" (Walter Gilbert, zitiert in Anderson, 1993). Die Zeiten ändern sich, und der Umschwung kam 1992, zumindest in den USA. In diesem Jahr wurden – häufig mit der Hilfe führender

Genomforscher – eine ganze Reihe von Firmen gegründet, die unter verschiedenen Gesichtspunkten mit dem Genomprojrkt in Beziehung stehen (Anderson, 1993).

Die Erforschung von Genen für bestimmte Krankheiten und die Entwicklung von Diagnostika und Therapeutika ist das Ziel von Firmen, wie z. B. „Myriad Genetics" in Salt Lake City (Utah). Solch eine Konzeption entspricht in Grunde derjenigen der „normalen" Gentechnologiefirmen, wie sie bereits seit den 80er Jahren existieren. Andere Firmen verfolgen eine andere Strategie. Sie sind beispielsweise „InCyte Pharmaceuticals" (Palo Alto, Kalifornien) oder „Human Genome Science" (HGS) (Rockville, Maryland) im großen Stil in das Sequenzierungs- und Kartierungsgeschäft eingestiegen. Ein nonprofit Ableger von HGC, „The Institute for Genome Research" (TIGR), ist an der beschriebenen Sequenzierung von den drei Bakteriengenomen beteiligt. Diese Firmen haben, nicht zuletzt durch eine hervorragende technische Ausstattung (Marshall, 1994), einen sehr hohen Ausstoß an Sequenzdaten und verfügen über private Datenbanken, die vermutlich die öffentlichen Datenbanken an Umfang übertreffen (Poste, 1995). Die Auswertung all dieser Daten dürfte ein weites Spektrum biotechnologisch interessanter Genen ergeben. Die derzeitige Überschwemmung des amerikanischen Patentamts mit Anträgen geht vorwiegend auf das Konto dieser Firmen (Marshall, 1996).

Ein anderer Geschäftskompex rankt sich um die automative Ausstattung, die für das Genomprojekt benötigt wird. Eine Steigerung der jährlichen „Sequenzproduktion" fordert einen quantitativen und qualitativen Ausbau der technischen Hilfsmittel. Die Entwicklung und Produktion von Laborrobotern und Sequenzierautomaten (ein Sequenzierautomat kostet ca. 100.000 US-$) hat ein neues Geschäftsfeld auf dem Technologiesektor eröffnet.

Ähnlich wie in anderen High-Tech-Branchen können durch die personellen Verflechtungen der öffentliche geförderten Forschungsstätten mit Sequenzierungsfirmen Probleme aufkommen. Es entstehen Interessenkonflikte zwischen der Wissenschaft mit ihrer Selbstverpflichtung zur unverzüglichen Offenlegung ihrer Forschungsergebnisse und der Privatwirtschaft, die sich bis zur Sicherung ihrer finanziellen Ansprüche eher zurückhält (Anderson, 1993). Betrachtet man die bisherigen Erfolge der einzelnen Staaten, die am Humangenom-Projekt beteiligt sind, so ist leicht die führende Wettbewerbsposition der USA zu erkennen.

Die amerikanische Genomforschung brachte nahezu die Hälfte der vorliegenden Daten zustande, gefolgt von Großbritannien mit ungefähr 12%. Deutschland liegt mit bescheidenen 3% weit zurück und wird somit auch nur wenig Nutzen aus dem Projekt ziehen können. Ein wesentlicher Faktor für den Vorsprung der US-Genomforschung resultiert aus dem finanziellen Engagement der beiden staatlichen Institutionen, die für das Haushaltsjahr 1994 beim NIH 129 Millionen und beim DOE 70 Millionen US-Dollar betrugen. Die Bedeutung des Projekts ließ die Budgets für die öffentliche Forschungsförderung auch in wirtschaftlich schwierigen Zeiten wachsen. So konnte die für 1995 angestrebte Erhöhung des NIH-Etats um 18% und des DOE-Etats um 27% eingehalten werden.

So ist es kaum zu übersehen das im verstärktem Maße, auch beim Humangenom-Projekt kommerzielle Aspekte in den Vordergrund treten. Das Bewußtsein für das wirtschaftliche Potential der menschlichen Genomdaten hat viele renommierte Genforscher aus den staatlichen Institutionen zu einer Abwanderung in die Gentechnikindustrie bewogen, wo sie als wissenschaftliche Berater oder Mitbegründer von kleinen Biotechnologieunternehmen zur Vermarktung des Erbguts auftreten, die in den USA zu Beginn der neunziger Jahre entstanden sind (Tab.3). Als Paradebeispiel kann Craig Venter gelten, der als leitender Angestellter der amerikanischen Gesundheitsbehörde Methoden für die Suche nach DNA-Abschnitten mit Sequenzinformationen für Proteine entwickelt hat und dieses Verfahren nun in seiner Privatfirma „The Institute for Genomic Research (TIGR) kommerziell anwendet. Das erst vier Jahre junge Unternehmen hat von der Risikokapitalgesellschaft Health Care Investment Corp. Ein Startkapital von

75 Millionen US-Doller erhalten und mit 30 Sequenzierungsautomaten zu einem Stückpreis von 12 000 US-Dollar seinen Betrieb aufgenommen. Durch rationales Arbeiten rund um die Uhr und konsequente Automatisierung können die TIGR-Mitarbeiter pro Tag konkurrenzlose 250 000-500 000 Basenpaare bestimmen, die von Human Genome Science, einer weiteren Firmengründung mit Venter als Hauptaktionär, vermarktetet werden.

Der industrielle Wettbewerb um die „Ware Erbgut“ ist bereits voll entbrannt, und die Schwerpunkte der privaten Humangenom-Forschung umfassen neben reinen Auftragsarbeiten vor allem eigenständige Projekte zur Suche nach neuen Krankheitsgenen sowie zur Entwicklung effizienterer Sequenzierungtechnologien.

Tab. 3: US-Biotechnologieunternehmen in der Humangenomforschung

Firma Standort	**Gründung**	**Forschungs-und Entwicklungsarbeiten**
Darwin Molecular Technologies Inc. Seattle, Washington	1992	DNA-Sequenzierung, Krebs- und Entzündungsgene, Evolutionsforschung
Genome Systems Inc. St. Louis, Massachusetts	1992	Aufbau und Durchmusterung von Genombibliotheken
Genomyx Inc. San Francisco, Kalifornien	1988	Sequenzierungstechnologie
Human Genome Sciences Inc. Rockville, Maryland	1992	Krankheitsgene
Incyte Pharmaceuticals Inc. Palo Alto, Kalifornien	1991	Sequenzierung von informationstragenden DNA- Abschnitten
Mercator Genetics Inc. San Francisco, Kalifornien	1992	Krankheitsgene
Myriad Genetics Inc. Salt Lake City, Utah	1990	Krebsgene
Nanotronics Inc. San Diego, Kalifornien	1992	Sequenzierungstechnologie
SEQ Ltd. Princeton, New Jersey	1987	DNA-Sequenzierung
Sequana Therapeutics Inc. San Diego, Kalifornien	1992	Krankheitsgene
The Institute for Genomic Research Rockville, Maryland	1992	Sequenzierung von informationstragenden DNA-Abschnitten

Quelle: Anderson, C: Genome project goes commercial, Science 259, 300-302 (1993)

2.9 Patentierung von Genen

Im Juni 1991 meldete die amerikanische Gesundheitsbehörde NIH eine größere Anzahl sogenannter „anonymer" DNA-Sequenzen zum patent an. Es handelte sich um partielle cDNA-Sequenzen (expresser sequence tags, ESTs), von denen die zelluläre Funktion unbekannt war und deren möglicher Nutzen in dem

Patentantrag nur in allgemeiner und hypothetischer Form dargelegt worden war. Die Nachricht über diese Patentanmeldung führte sowohl in Wissenschaftskreisen als auch in der Politik und Öffentlichkeit zu einer lebhaften Diskussion über die Voraussetzungen für die Patentierung genetischer Informationen.

Prinzipien des Patentwesen: Gegenstand von Patenten können Produkte und Substanzen sein oder auch Verfahren zur Herstellung oder Anwendung jener Produkte. Es wird zwischen Erfindungen und Entdeckungen unterschieden, wobei nur letztere patentfähig sind. Nicht patentierbar sind Erfindungen, die gegen die öffentliche Ordnung oder ethischen Grundsätze verstoßen. Patente sollen das intellektuelle Eigentum von Erfindungen schützen, indem ihnen für einen gewissen Zeitraum das alleinige Nutzrecht zuerkannt wird. Im Gegenzug wird die Erfindung offengelegt, so daß sie ihrerseits als Ausgangspunkt für weitere technische Entwicklungen dienen kann. Der Gebrauch eines patentierten Produkts oder Verfahrens für rein wissenschaftliche Zwecke ist frei (Versuchsvorbehalt).

Damit ein Patent erteilt werden kann, müssen drei Voraussetzungen erfüllt sein: Die Erfindung muß neu sein, d. h. sie darf noch nicht veröffentlicht worden sein, sie muß nicht offensichtlich sein, d. h. sie darf sich nicht in naheliegender Weise aus dem Stand der Technik ergeben und es muß eine gewerbliche Anwendbarkeit (inkl. Verwendung in Industrie und Landwirtschaft) nachgewiesen werden. Obwohl sich die Patentrechte z. B. der USA und der EU-Staaten unterscheiden, stimmen sie hinsichtlich dieser drei Voraussetzungen überein. Unterschiede ergeben sich jedoch in der teilweise unterschiedlichen Bewertung dieser Kriterien (Collin, 1992). Im Gegensatz zu Europa gibt es in den USA eine einjährige Schonfrist (grace period), d.h. zwischen erster Veröffentlichung und Patentanmeldung darf ein Zeitraum von bis zu einem Jahr liegen (Gugerell).Da industrielle Produkte über die Ländergrenzen hinweg gehandelt werden, ist das Patentrecht zu einem Diskussionspunkt in internationalen Handelsübereinkünften geworden (Adler, 1992).

Gene: Entdeckungen oder Erfindungen? Es wird die Ansicht vertreten, Gene seien schließlich Teile vom Körper eines Lebewesen und können somit nicht erfunden nur entdeckt (z. B. beschrieben) werden. Gene sind also Entdeckungen und als solche nicht patentfähig. Die Patentämter schließen sich dieser Argumentation nicht an. Zwar hat die genetische Information schon vorher existiert, aber durch die Aktivität des Forschers wird diese Information zugänglich gemacht, so daß er in der Lage ist, diese Information planmäßig zu nutzen. Die Isolation und Nutzbarmachung eines Gens geht deshalb über eine bloße Entdeckung hinaus (van Raden, 1996). Bei den häufig zum Patent angemeldeten cDNAs hingegen ergibt sich diese Frage nicht, da cDNAs vom Menschen synthetisierte, von überflüssigen Bereichen eines Gens befreite Informationsträger sind, die in der Natur nicht existieren.

Zurück zu den NIH-Sequenzen. Viele Wissenschaftler waren über das Vorgehen der NIH empört und fürchteten, daß im Falle einer Patentierung innerhalb kurzer Zeit das ganze Genom durch Patentansprüche blockiert sein würde. Das amerikanische Patentamt (Patent und Trademark Office, PTO) legte zur damaligen Zeit den Begriff „utility" (amerikanisches Pendant zur „ gewerblichen Nutzbarkeit") im allgemeinen eher großzügig aus (Kiley, 1992). In manchen Fällen wurde sogar nur ein geringer Anspruch an das Ausmaß der Nutzbarkeit gestellt, ein kommerziell verwendbares Produkt wurde nicht gefordert (minimal utility requirement; Adler, 1992). Wie würde das PTO hinsichtlich der Nutzbarkeit der „anonymen" cDNA-Sequenzen des NIH entscheiden? Das PTO setzt ein Signal und wies die Patentanträge des NIH 1992 und erneut 1994 wegen der unbekannten Funktionen und der nicht erkennbaren Nutzbarkeit der cDNA-Fragmente zurück. Gugerell (1994) weist darauf hin, daß der geschilderte Fall der NIH-Sequenzen nicht die Regel ist. Im Normalfall liegen die zum Patent angemeldeten Gene als vollständige cDNA-Kopie vor, die zum Zwecke der Expression in ein Wirtsgenom integriert worden ist. Das Expressionsprodukt ist gut charakterisiert und hat eine Funktion, die einer definierten Weise zu nutzen ist. Beispiele für bislang erteilte Patente sind Interferone, Interleukine, Wachstumshormone und Insulin.

In den USA ist ein regelrechter Wettlauf zwischen Sequenzproduzenten und dem Patentamt entstanden: Bis 1996 sind in den Vereinigten Staaten ca. 1.500 Gene, 500 davon menschlichen Ursprungs, patentiert worden (Marshall, 1996). Weitere 100 Anträge liegen dem PTO vor. Da aber jeder einzelne dieser Anträge mehrere bis zu sehr vielen Sequenzen umfassen kann (ein Antrag der Firma „InCyte" enthält z. B. 5.000 Sequenzen), kommt das PTO mit der Antragsprüfung nicht nach (Marshall, 1996).

Die Patentierung von Genen ist auf der Basis der derzeitigen Gesetze geregelt. Gene werden patentiert, wenn sie die drei Kriterien Neuartigkeit, Nichtoffensichtlichkeit und gewerbliche Nutzbarkeit erfüllen. Trotzdem ist die Diskussion über die Patentierung von Genen nicht abgerissen. Zum eine bedarf es weiterer Klärung des Aspekts der Nutzbarkeit von kurzen cDNA-Fragmenten (ESTs). Wenn die ESTs zum Beispiel für die Diagnose einer Krankheit als „Sonde" verwendet werden können, ist ihre Nutzbarkeit zwar relativ eingeschränkt aber doch vorhanden, unabhängig davon, ob ihre in vivo Funktion bekannt ist oder nicht (Poste, 1995). Zum anderen sind es die Begleitumstände solcher Patente oder Patentbestrebungen, die viele Forscher mit Unbehagen erfüllen. Die wissenschaftliche Tradition des freien Daten- und Materialaustausches („clone-by-phone") ist im Zeitalter des „gene hunting" in Gefahr. Strategische und kommerzielle Überlegungen beschränken den Datenfluß und bestimmen den Zeitpunkt der Veröffentlichung von Sequenzdaten (Wadman, 1996; Kahn, 1996). Rechtliche Probleme ergeben sich, wenn mehrere Forschungsinstitute gemeinsam an einem Projekt arbeiten, die jeweiligen Beiträge der einzelnen Partner jedoch gegenseitig nicht anerkannt werden, wie es z. B. im Streit von „Myriad Genetics" und dem „Institute of Cancer Research" über Patentanträge für die BRCA-Gene geschehen ist (Dickson, 1996).

Noch längst nicht alle Probleme im Zusammenhang mit der Patentierung von Genen sind beantwortet. Das amerikanische Energieministerium hat daher angekündigt, für Studien zur Klärung von Fragen zum geistigen Eigentum, die sich aus dem Genomprojekt ergeben, einen Betrag von 1,3 Mio. US-$ für das Jahr 1997 bereitzustellen.

2.10 Und danach? Die postgenomische Phase

Im Jahre 2005 – vielleicht sogar schon etwas früher - wird die Sequenzierung des menschlichen Genoms abgeschlossen sein. Für die Forscher fängt dann erst die eigentliche Aufgabe an: herauszufinden, was der Text eigentlich bedeutet, dessen Sequenz man nun kennt. In früheren Jahren wurden Gene unter funktionellen Gesichtspunkten identifiziert und kloniert. Am Anfang stand die Beobachtung einer bestimmten zellulären Funktion (z. B. Enzymaktivität). Dann wurde das dafür verantwortliche Protein isoliert und erst danach versuchte man, das zugehörige Gen zu identifizieren. Es dauerte häufig ein ganzes Forscherleben, dieses Konzept schrittweise zu durchlaufen. Spätestens mit den ersten Ergebnissen des Genomprojekts hat sich die Reihenfolge dieses Ablaufs in das Gegenteil gekehrt. Erst werden Gen oder cDNA isoliert und sequenziert und vom Informationsgehalt der Sequenz wird auf eine Proteinfunktion zurückgeschlossen. Mit Hilfe geeigneter experimenteller Ansätze wird dann die hypothetische Funktion des Proteins überprüft. Da viele Proteine nur in bestimmten Geweben, nur für kurze Zeiträume oder nur während ganz bestimmter Entwicklungsabschnitten eines Organismus gebildet werden, konnten sie häufig weder mit proteinchemischen Methoden noch mit den traditionellen Methoden der Molekularbiologie entdeckt werden. Das wird sich ändern bzw. hat sich teilweise schon geändert. Nachdem das Hefegenom vollständig sequenziert worden ist, sind die Wissenschaftler nun dabei, die schätzungsweise 6.000 Gene der Hefe zu analysieren. Für rund 30% dieser Gene konnten Sequenzanalysen derzeit keinerlei

Anhaltspunkte auf ihre Funktion liefern und es werden Strategien dafür entwickelt werden müssen, die Funktionen einer solch großen Menge unbekannter Gene systematisch zu erforschen (Oliver, 1996). Auch für die medizinische Forschung gibt es eine Überraschung. Dreizehn Hefegene zeigen Ähnlichkeiten zu menschlichen Genen, die in Zusammenhang mit Krankheiten gebracht werden (Williams, 1996; Oliver, 1996). Das Studium dieser Gene und der physiologischen Rolle der entsprechenden Proteine in der Hefe wird das Verständnis der molekularen Mechanismen dieser Krankheiten erweitern.

3. Gentechnik in der Medizin

3.1 Einleitung

Am 14. September 1990 begann mit offizieller Genehmigung der amerikanischen Gesundheitsbehörde die erste gentherapeutische Behandlung eines Menschen. Die Patientin, ein knapp vierjähriges Mädchen, litt an einem schweren kombinierten Immundefekt (*serve combined immunodeficiency*, SCID). Das Mädchen, namens Ashanti DeSilva hatte von beiden Elternteilen ein jeweils fehlerhaftes Exemplar eines Gens geerbt, das normalerweise für die Adenosin-Desaminase (ADA) codiert. Dieses Enzym ist für die korrekte Funktion des Immunsystems unentbehrlich. Die Behandlung dieses Mädchens mit ADA-Mangel durch French Anderson, Michael Blaese und Kenneth Culver ist der am Häufigsten zitierte Fall und gilt als Paradebeispiel einer Gentherapie (Blaese et al. 1990; Blaese et al. 1996).

ADA-Defizienz führt zu einer Schwächung des Immunsystems, die sich ähnlich äußert wie AIDS, daß heißt Patienten leiden ständig an Infektionen, die früher oder später zum Tod führen. Das Ärzteteam um Michael Blease entnahm der Patientin weiße Blutzellen, setzte eine Kopie des ADA-Gens ein und überführte sie zurück in den Blutstrom. Als Vektor dient ein Retrovirus und da die Manipulation außerhalb des Körpers stattgefunden hat, spricht man von einem *ex vivo*-Ansatz. Der Behandlungsversuch verlief erfolgreich und der Behandlung waren fünf Jahre Laborarbeit und ein dreijähriges Zulassungsverfahren vorausgegangen. Kritiker sehen in dieser Behandlung allerdings keinen so großen Erfolg und relativieren die euphorischen Berichte der beteiligten Ärzte. Neben der Gentherapie wurde nämlich das fehlende Enzym ADA zusätzlich oral verabreicht, worauf die Besserung ebenfalls beruhen könnte. Weiters meinen sie, daß die Mediziner sich eine besonders milde Form von SCID ausgesucht hätten, um ihre Erfolgschancen zu steigern.

Keine der bisher erprobten Gentherapien führten zur vollständigen Heilung des Patienten, bestenfalls unterstützende Wirkung konnte bis jetzt erzielt werden, so auch in diesem ersten behördlich genehmigten Gentherapie in der USA.

Gentherapeutische Verfahren werden aller Voraussicht nach die Medizin des kommenden Jahrhunderts grundlegend wandeln. So sind mehr als 4000 verschiedene Krankheitsbilder bekannt, die auf angeborenen Defekten jeweils einzelner Gene beruhen. Beispiele für solche sogenannten monogenen Erbkrankheiten sind der schwer kombinierte Immundefekt und die Mukoviszidose (cystische Fibrose). Viele andere Leiden – wie etwa Krebs, Herzerkrankungen, AIDS, rheumatoide Arthritis oder Degenerationserscheinungen – resultieren zu einem gewissen Grade aus Beeinträchtigungen einzelner oder mehrerer Gene, durch die Proteine der Abwehr- und Selbsterhaltungssysteme betroffen sind. French Anderson hält die Gentherapie für die vierte revolutionäre Entwicklung in der Medizin (nach der Einführung von Hygienemaßnahmen, chirurgische Eingriffe unter Betäubung und der Einführung von Impfstoffen und Antibiotika) (Anderson, 1995).

Zunächst muß man zwischen somatischer Gentherapie und Keimbahntherapie unterschieden werden. Die erstgenannte manipuliert Körperzellen, verändert also das Genom von Zellen, die mit dem Organismus absterben, die Keimbahntherapie hingegen verändert Gameten, ihre neuen Funktionen prägen sich also in den daraus entstehenden Organismen und ihren Nachkommen aus. In folgenden von mir beschriebenen Gentherapien ist die somatische gemeint. Die Methoden der Gentherapie sind sehr mannigfaltig und unterscheiden sich oft von Labor zu Labor und sind für den zu behandelten Fall zurechtgelegt.

Das am weitesten entwickelte Virussystem zur Genübertragung benutzt Retroviren. Die Fähigkeit des Retrovirus, sein genetisches Material in das Chromosom der Wirtszelle einzufügen, macht es zu einem idealen System der Genübertragung. Das System besteht aus zwei Komponenten, der Zelle und dem Virusvektor . Bei diesem Ansatz macht man sich eben die natürliche Eigenschaft der Retrovieren zu nutze. Auf diese Weise gelangt das Wunschgen in die Zielzelle und kann dort exprimiert werden. Die virulente Eigenschaften des Virus müssen vorher natürlich eliminiert werden, das heißt seine Gene zur Vermehrung und Verpackung werden entfernt und an ihre Stelle setzt man die sogenannte Expressionskasette (Gen + Kontrollregion). Im klinischen Einsatz erfolgt die Genübertragung durch Retrovirusvektoren im allgemeinen in vier Phasen: Konstruktion der Verpackungszellinie, Transduktion der Patientenzellen mit Retrovirusvektoren außerhalb des Körpers, Rückübertragung der modifizierten Zellen in den Patienten und Kontrolle der Vermehrung der transduzierten Zellen sowie ihre erwünschten Funktionen. Da hier zum ersten Mal Menschen mit genetisch modifizierten Zellen behandelt wurden, mußten alle biologischen und physikalischen Sicherheitsvorkehrungen getroffen werden. Die größte Gefahr der Retrovirusvektoren besteht darin, das Helfervieren entstehen, die sich allein vermehren können; Dieses Risiko ist jedoch dank der Entwicklung geeigneter Vektorzellinien sehr gering (Anderson, Morgab, 1996).

Zur Zeit werden wohl 2.000 Patienten nach gentherapeutischen Protokollen behandelt. Mehr als 70% dieser Patienten befinden sich in den USA (B. Wittig, 1997). Der weitaus überwiegende Teil dieser Patienten Leiden an bösartigen Tumorerkrankungen. Hinter den Zahlen zur Entwicklung der Gentherapie verbirgt sich allerdings auch ein Wechsel in der Begriffsbestimmung. Aus der Therapie von Genen ist in der überwiegenden Zahl der klinischen Stadien eine Therapie mit Genen geworden. Angeborene genetische Defekte, die zu Wechselstörungen führen und nur durch Therapie des betroffenen Gens geheilt werden könne, kommen in allen Populationen nur sehr selten vor: dies ist die offensichtliche Grundlage ihrer biologischen Stabilität. Es ist die Therapie mit Genen bei erworbenen Erkrankungen, die das Momentum der Gentherapie ausmachen. Therapie im Sinne einer Heilung bei angeborenen Stoffwechselerkrankungen wird wohl eher durch eine genetische Rekonstruktion in der Keimbahn erreicht werden, während die somatische Gentherapie die Konzepte zur Behandlung erworbener

Krankheiten beherrscht. Diese Zuordnung von Keimbahn-Gentherapie und somatischer Gentherapie ist allerdings im weitesten Sinne fließend und von zukünftigen Entwicklungen bei den molekularbiologischen Werkzeugen zum Einbringen therapeutischer Gene in erkrankte Organe abhängig.

3.2 Molekularbiologische und immunologische Grundlagen der Gentherapie

Wegen der in der Einleitung von mir beschriebenen zahlenmäßigen Dominanz von klinischen Studien, die sich dem Krebsproblem widmen, will ich im folgenden einige molekularbiologische und immunologische Grundlagen der Gentherapie von Krebserkrankungen darstellen. Ich möchte nochmals darauf hinweisen, daß dies nur einer der vielen Aspekte der Gentherapie ist.

Zellteilung und Zelltod nach programmierten Kriterien sind Grundlagen nicht nur der embryonalen, fötalen und nachgeburtlichen Entwicklung zum erwachsenen Organismus, sondern auch wichtige Voraussetzung für das Erreichen des ebenso Programmierten menschlichen Lebensalters von ungefähr 100 Jahren. Bei einer Zellzahl in der Größenordnung von 10^{14}, aus denen sich ein menschlicher Organismus zusammensetzt, muß die Homöostase aus Zellteilung und Zelltod exakt reguliert werden, sonst kommt es zu Zelluntergang- oder Zellwachstum-Katastrophen, die als Degeneration oder Tumorwachstum bekannt sind. Diese Homöostase wird durch zwei große Regelkreise kontrolliert. Alle Typen von Zellen, durch die ungefähr 150 unterschiedliche Gewebe im menschlichen Körper gebildet werden, haben eine molekularbiologische Uhr, den Zellzyklus, der die Anzahl der möglichen Zellteilungen und deren zeitliche Steuerung kontrolliert. Haben Zellen eines Gewebetyps das programmierte Lebensalter erreicht, scheiden sie aus dem Zellzyklus aus und leiten ihren programmierten Zelltod ein. Der zweite Regelkreis, dessen wesentliche Regelgröße Identitäts- und Qualitätsüberwachungsstrukturen auf der Zelloberfläche sind, besteht aus den

Erkennungszellen und den zellzerstörenden Zellen des Immunsystems. Unter dem Einfluß dieses Regelkreises werden Zellen vor dem Erreichen ihres programmierten Lebensaltersdurch das Immunsystem eliminiert, wenn sie nicht oder nicht mehr der immunologischen Identität oder statistischen Normalität des jeweiligen Gewebetyps entsprechen.

Fehlsteuerungen in beiden Regelkreisen sind in gegenseitiger Abhängigkeit für Tumorentstehung, -wachstum und –metastasierung verantwortlich. Deshalb setzen die meisten gentherapeutischen Strategien bei den normalen und pathologischen Funktionen der Regelkreis Zellzyklus und Immunsystem an.

Zellzyklus

Die molekularbiologische Forschung konnte in den vergangenen Jahren eine Reihe von Genen identifizieren, deren Genprodukte (Proteine) direkt mit den Effektoren des Zellzyklus interagieren. Hierzu gehören die Produkte des *rb*-Gens, des *p16*-Gens, des *p53*- und des *p21*-Gens. Diese Gene werden auch als Tumorsupressor-Gene bezeichnet, da ihre Proteine Tumorwachstum unterdrücken. Sie sind im Zellkern Bestandteil eines Regulationssystems, das gegen Ende der G1-Phase des Zellzyklus entscheidet, ob durch Übergang in die S-Phase eine erneuerte Zellteilung eingeleitet oder der Mechanismus für den programmierten Zelltod (Apoptose) aktiviert wird. In der G1-Phase erfüllen Zellen ihre Funktion entsprechend der biologischen Aufgabe des jeweiligen Gewebes, stellen gegenüber anderen Zellen ihre immunologische Identität dar und nehmen Kontakt zu benachbarten Zellen oder extrazellulären Substanzen auf. In der S-Phase erfolgt die Kopie des Genoms, des genetischen Bauplans der Zelle. Nach Überprüfung der Kopie und Beseitigung von Fehlern in der G-Phase kann die Mitose, die eigentliche Zellteilung, erfolgen. Verbliebene Kopierfehler würden in der folgender G1-, S- oder G2-Phase als Mutationen wirksam werden.

Das Regulationssystem für den Zellzyklus im Zellkern wird wiederum durch Signale beeinflußt, die von außen auf die Zellmembran treffen. Es handelt sich dabei um Wachstumsfaktoren (Cytokine), die von benachbarten Zellen gebildet und abgegeben werden. Sie binden an Rezeptoren in der Zellmembran der Empfängerzelle, die dadurch aktiviert werden und das Signal in das Zellinnere weiterleiten (Signaltransduktion). Die erste Relais-Station der Transduktion dieser Signale sind fast immer dichotome Systeme aus Phosphokinasen und Phosphatasen, die durch Übertragung oder Entfernung von Phosphatgruppen intrazellulär ein Aktivierungs- oder Inaktivierungssignal bilden. Die Phosphorylierung und Dephosphorylierung erfolgt auf dieser Ebene meistens an der Aminosäure Tyrosin in bestimmten Strukturmotiven (SH2 und SH3) der Rezeptor-Proteine. Durch Adapterproteine, die an die phosphorylierten Strukturmotive binden, werden die Aktivierungs- oder Inaktivierungssignale zunächst auf Proteine der Gene *ras*, „phospholipase c", *jak* und/oder „pi-3 kinase" übertragen, um nur einige Beispiele für diese Relais-Ebene zu nennen. Kaskaden von Phosphokinasen und Phosphatasen , die auch signalverstärkend wirken, übergeben die verstärkten und gefilterten Signale im Zellkern an das Regulationssystem für den Zellzyklus.

Für alle Relais-Stationen des dichotomen Systems hat die molekularbiologische Forschung Gene gefunden, deren Produkte bei Fehlregulation Ursachen der Tumorentstehung sind, das Wachstum von Tumorzellen fördern oder deren Metastasierung ermöglichen. Ursachen der Fehlregulationen können Mutationen in den Genen, größere genetische Umordnungen (Translokationen) oder vermehrte/verminderte Synthese der Genprodukte (Über- und Unterexpression) sein. Die funktionellen Konsequenzen sind entweder die Inaktivierung von Tumorsupressor-Genen oder die Aktivierung von Onkogenen.

Die Inaktivierung der Tumorsupressor-Gene *p53* und *p16* und die permanente Aktivierung des Onko-Gens *ras* gehören zu den häufigsten Veränderungen bei den bösartigen Tumoren der Lunge und des Dickdarms. Gentherapeutische

Strategien in diesem Zusammenhang sind auf die Rekonstruktion der Funktion von *p16* oder *p53* oder auf die Unterdrückung der *ras*-Funktion gerichtet. Die Rekonstruktion eines Tumorsupressor-Gens kann durch den Transfer von Genkonstrukten in Tumorzellen erreicht werden, bei denen z. B. das Gen für das normale, funktionierende *p16*-Gen (es wird nicht das eigentliche Gen mit seinen kodierenden Exon- und nicht- kodierenden Intron-Abschnitten verwendet, sondern eine sog. cDNA) unter der Kontrolle seines regulativen Steuerelements steht. Als Beispiel für ein solches Genkonstrukt ist in Abb. 1 ein zirkuläres DNA-Molekül (Plasmid) dargestellt. Als Grundbaustein wurde hier ein bakterielles Plasmid eingesetzt.

Das hier dargestellte Konstrukt, besteht aus den folgenden funktionellen Abschnitten:

- Funktionen zur Vermehrung und Selektion in Bakterienzellen, um das Konstrukt in ausreichender Menge herstellen zu können,
- Funktionen zur Selektion in Säugerzellen, um nach Transfer des Konstrukts in Tumorzellen die erfolgreich transferierten Zellen selektieren zu können,
- Funktionen, die im Zellkern die Vermehrung des Konstruktes unabhängig vom Zellzyklus vermitten (episomale Replikation),
- das eigentliche therapeutische Gen.

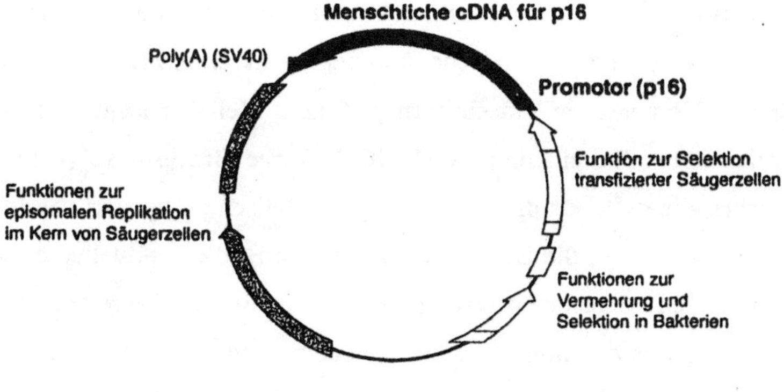

Abb. 1: Darstellung eines zirkulären DNA-Moleküls (Plasmid); (Nach Wittig, B.)

Das *p16*-Promotorelement sorgt dafür, daß das *p16*-Gen häufig genug in RNA transkribiert wird, so daß – nach der Prozessierung zu einer funktionsfähigen mRNA und dem Transport der mRNA vom Kern in das Cytoplasma – an den Ribosomen eine ausreichende Anzahl von *p16*-Protein-Molekülen synthetisiert wird. Diese finden dann ihren Weg in den Zellkern und machen dort den Regelkreis Zellzyklus wieder funktionsfähig. Am Ende des *p16*-Gens befindet sich eine DNA-Sequenz aus dem SV-40 Virus, die dafür sorgt, daß nach Transkription eine Folge von 100-200 Adenosin-Nukleotiden [Poly(A)-Ende] an das Transkript gehängt wird. Ein solches Poly(A)-Ende gehört zur notwendigen Ausstattung einer funktionellen mRNA in Säugerzellen (B. Wittig, 1996).

Immunsystem

Im vorhergehenden Abschnitt habe ich gezeigt, daß Tumorentstehung, -wachstum und –metastasierung an die Inaktivierung von Tumorsupressor-Genen oder die Aktivierung von Onkogenen gebunden sind. Da diese Inaktivierung und Aktivierung durch Mutationen, Translokationen oder Über/Unterexpression der entsprechenden Genen verursacht werden, sind auch deren Proteinprodukte qualitativ oder quantitativ verändert. Solche qualitativen oder quantitativen Veränderungen von zellulären Proteinen sollten durch den anderen Regelkreis der Homöostase, das Immunsystem, erkennbar sein und die entsprechenden Zellen sollten durch eine cytotoxische Immunantwort eliminiert werden können. Die meisten Körperzellen präsentieren auf ihrer Zelloberfläche über einem dafür spezialisierten Proteinkomplex (MHC I) kurze Bruchstücke (Peptide) all ihrer Proteine, die extra für diesen Zweck proteolytisch prozessiert werden. Auf diese Weise präsentieren die Zellen nach außen ein Bild der aktuellen qualitativen und quantitativen Zusammensetzung ihrer Proteine. Solange dieses Bild dem entspricht, was das Immunsystem als „eigen“ oder „normal“ akzeptiert, werden die Zellen toleriert. Tauchen auf der Oberfläche MHC-präsentierte Peptide von mutierten Proteinen auf, sollte das Immunsystem diese als „fremd“ oder „nicht normal“ erkennen und sie durch den Angriff seiner cytotoxischen T-Lymphocyten (CTL) eliminieren. Dieser Reaktionsweg des Immunsystems, also die Präsentation von zelleigenen Proteinfragmenten durch den MHC I-Komplex und letztlich der Angriff von CTL gegen die präsentierten Zellen, wird als Th1-Antwort bezeichnet. Da Tumorzellen häufig die Expression ihrer MHC I-präsentierter mutierter Peptide verhindern, ist ein anderer Reaktionsweg des Immunsystems wahrscheinlich für die Unterdrückung des Tumorwachstums von größerer Bedeutung. Zur dauernden Erneuerung des Organismus werden gealterte oder auf andere Weise defekte Körperzellen von dafür spezialisierten Freßzellen (Makrophagen und dendritische Zellen) aus dem Organismus entfernt. Auch Tumorzellen werden so von Makrophagen oder dendritischen Zellen gefressen und im Inneren der Freßzellen fragmentiert. Freßzellen, insbesondere die dendritischen Zellen, sind spezialisiert darauf, Peptidfragmente der gefressenen Zellen auf ihrer Zelloberfläche zu präsentieren. Diese Präsentation erfolgt über den darauf spezialisierten Proteinkomplex auf der Zelloberfläche der antigenpräsentierten Zellen, der als MHC II bezeichnet wird. Diese Form der Präsentation führt normalerweise zur Proliferation von B-Lymphocyten und Plasmazellen, die Antikörper bilden und sezernieren. Dieser Reaktionsweg des Immunsystems wird als Th2-Antwort bezeichnet. Die Bildung von Antikörpern im Rahmen der Th2-Antwort ist eine adäquate Reaktion des Immunsystems bei bakteriellen Infektionen, jedoch für die Elimination von Tumorzellen ungeeignet. Hierzu werden die CTL der Th1- Antwort benötigt. Die beiden möglichen Reaktionswege sind jedoch nicht nur von der Art der Peptidpräsentation abhängig, nach der also eine MHC I-Präsentation zu einer Th1-Antwort und eine MHC II-Präsentation zu einer Th2-Antwort führt, sondern auch vom lokalen Cytokin-Milieu während der Präsentation. Typische Cytokine für eine Th1-Antwort sind die Interleukine-2, -7 und insbesondere -12 (IL-1, IL-7, IL-12). Tumor-Nekrosefaktor (TNFα) oder Granulocyten-Makrophagen-Colony-Stimulating-Factor (GM-CSF). Eine Th2-Antwort wird gefördert durch Interleukin-4 und

Interleukin-10 (IL-4, IL-10). Neuere immunologische Forschungsergebnisse zeigen, daß während der Antigen-Präsentation durch hohe lokale Konzentrationen der jeweils anderen Cytokinfamilie die Art der Antwort umgesteuert werden kann. Hohe Konzentrationen von IL-12 bewirken auch bei Präsentationen von Peptiden auf MHC II-Komplexen eine Th-1Antwort, also letztlich die Proliferation von CTL.

Eine weitere wichtige Waffe des Immunsystems gegen Tumorzellen stellt eine Familie von Immunzellen dar, die z. T. Zelloberflächen-Eigenschaften von T-Lymphozyten aufweisen, aber auch unabhängig von einer Peptidpräsentation über MHC-Komplexe in ihrem Wachstum und ihre cytotoxischen Aktivität stimuliert werden. Man spricht in diesem Fall von einer nicht MHC-restringierten Antwort. Diese Zellen werden unter dem Oberbegriff natürliche Killerzellen (NK-Zellen) zusammengefaßt. Verschiedene Subtypen werden als Lymphokin-aktivierte Killerzellen (LAK), Cytokin-induzierte Killerzellen (CIK) oder Tumor-infiltierende Lymphocyten (TIL) bezeichnet.

Gentherapeutische Strategien, die darauf gerichtet sind, in Patienten Immunzellen zu erzeugen, die deren Tumorzellen angreifen und eliminieren können, versuchen dies meistens über die Erhöhung der lokalen Konzentration von Th1-Cytokinen. Hierzu werden in Tumorzellen Genkonstrukte transferiert, mit deren Hilfe in den Tumorzellen große Mengen der jeweiligen Cytokine gebildet und seziniert werden. Häufig werden gleichzeitig Genkonstrukte für die Expression von Zelloberflächen transferiert, die als zusätzliche stimulatorische Signale während der MHC I bzw. MHC II-Präsentation benötigt werden, um die Proliferation aktiver CTL zu gewährleisten.

Ein Beispiel für Genkonstrukte, die in diesem Zusammenhang eingesetzt werden, ist in Abb. 2 dargestellt. Es handelt sich wieder um das bereits in Abb. beschriebene Genkonstrukt. Als therapeutisches Gen zur Steuerung und Verstärkung der immunologischen Antwort (hier Th 1) steht eine cDNA für GM-CSF unter der Kontrolle des starken Steuerelements (Promotor) aus Cytomegalie-

Viren (CMV). Durch Transfer derartiger Genkonstrukte in Tumorzellen und nachfolgende Anreicherung der transferierten Zellen können Cytokin-Sekretionsleistungen von 0,1-1000 ng pro 10^6 Tumorzellen in 24 Std. erreicht werden.

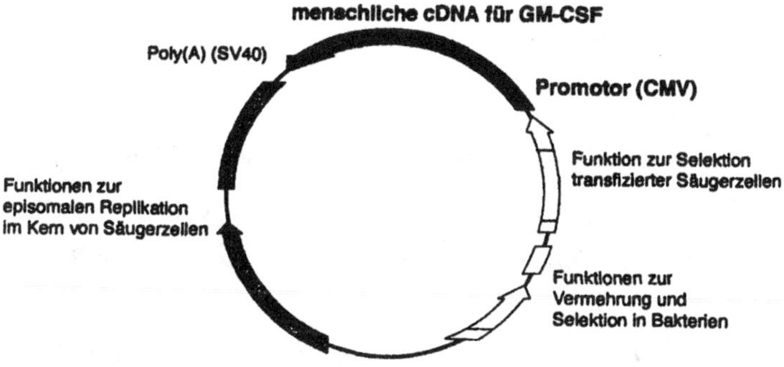

Abb. 2 : Darstellung des Genkonstrukts aus Abb. 1 hier unter der Kontrolle des Promotors aus CMV. (Nach Wittig, B.)

Eine weitere gentherapeutische Maßnahme in diesem Zusammenhang ist der Transfer von Genkonstrukten in Tumorzellen, die zur Expression von allogenen (vom Menschen stammend, aber nicht der genetischen Individualität des Patienten entsprechend) oder xenogenen (von anderen Organismen oder von Viren stammend) führen. Auf diese Weise sollen Tumorzellen dem Immunsystem eher als „fremd" erkennbar gemacht werden. Die experimentelle Forschung hat gezeigt, daß dann auch Tumorzellen durch das Immunsystem erkannt werden, die eine derartige „Allogenisierung" oder „Xenogenisierung" nicht aufweisen.

Programmierter Zelltod (Apoptose)

Das Zusammenwirken der beiden Regelkreise „Zellzyklus" und „Immunsystem" produziert als Ergebnis drei Regelgrößen, die in den Zellen überprüft werden und bei entsprechenden Schwellenwerten die Apoptose auslösen. Die drei

Regelgrößen sind „Veränderungen im Genom“, ein „ unzureichendes Cytokin-Milieu“ und die „direkte Aktivierung von Apoptose-Rezeptoren“.
Hierbei werden unter „Veränderungen im Genom“ sowohl Mutationen, Translokationen und Über/Unterexpression verstanden, die zur Aktivierung von Onkogenen oder Inaktivierung von Tumorsuppressorgenen führen. Sie sind im vorigen Abschnitt beschrieben worden. Unter „unzureichenden Cytokin-Milieu“ werden quantitative Veränderungen in der Zusammensetzung von wachstumsfördernden und wachstumshemmenden Faktoren verstanden, die als Agonisten an membranständigen Rezeptoren binden, wie Rezeptor-Tyrosin-Kinasen oder Interleukin-Rezeptoren. Unter „direkter Aktivierung von Apoptose-Rezeptoren“ sollen hier die Bindung des Fas-Liganden an das Fas-Rezeptor verstanden werden.
Der eigentliche molekulare Schalter zum Ein - und Ausschalten des Apoptose-Reaktionsweges wird durch die Produkte der Genfamilien *bax* und *bcl* gebildet. Bei Überschreitung des Schwellenwertes für „Veränderungen im Genom“, „unzureichendes Cytokin-Milieu“ oder „direkte Aktivierung von Apoptose-Rezeptoren“ führen Aktivierung der *bax*-Gene und Inaktivierung der *bcl*-Gene zur Ausbildung homodimerer Proteine aus jeweils zwei Proteinmolekülen der BAX-Familie (BAX/BAX). In dieser Konfiguration steht der Apoptose-Schalter in der Stellung „ein“. Die betroffenen Zellen wird sich in der Folge durch Aktivierung von Proteasen und Nukleasen selbst auflösen. Für sie Stellung „aus“ des Apoptose –Schalters müssen die *bax*- und *bcl*- Gene gleichgewichtig aktiviert sein, damit sich auf Protein-Ebene heterodimere Schalter aus jeweils einem BAX- und einem BCL-Molekül bilden können (BAX/BCL). Zellen mit BAX/BCL-Schalter, also Apoptose in der Schalterstellung „aus“, werden nach Ende der G1-Phase des Zellzyklus in die S-Phase übergehen und sich dann teilen.
Im Laufe der Tumorzellen-Entwicklung kommt es häufig zu einer Überexpression des *bcl*-Gens und entsprechend zur Bildung von sehr viel BCL-Proteinen, die mit BAX-Molekülen BAX/BCL-Heterodimere bilden und damit den Apoptose-

Schalter unwiderruflich in Stellung „aus" legen. Zellen mit dieser Schalterkonfiguration können auf Überschreiten des Schwellenwertes für eine der drei Regelgrößen nicht mehr reagieren und werden sich weiter teilen, obwohl die Werte der Regelgrößen das Einschalten der Apoptose verlangen.

In diesem Zusammenhang sei auch darauf hingewiesen, daß Tumorzellen, deren Apoptose-Schalter durch *bcl*-Überexpression irreversibel ausgeschaltet ist, aber auch solche, deren Zellzyklus-Regelkreis durch Inaktivierung von *p53* oder *p16* nicht funktioniert, auf etablierte tumortherapeutische Behandlungen wie Chemotherapie und Bestrahlung nicht mehr reagieren können, da sie unfähig sind, durch Apoptose zu sterben. Eine denkbare gentherapeutische Strategie wäre die Rekonstruktion des Apoptose-Schalters in Tumorzellen, die das *bcl*-Gen überexprimieren und deshalb die Apoptose ausgeschaltet haben. Das in Abb. 3 dargestellte Expressionskonstrukt geht davon aus, daß Tumorzellen, die das bcl-Gen überexprimieren, das zugehörige Steuerelement, ihren *bcl*-Promoter, sehr stark ansteuern und unter anderem dadurch die Überexpression des *bcl*-Gens erreichen.

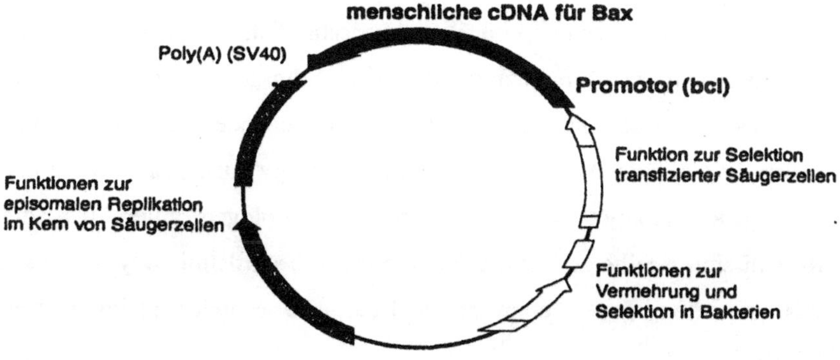

Abb. 3:Expressionskonstrukt mit bax-Gen. (Nach Wittig, B.)

In dem dargestellten gentherapeutischen Konstrukt ist allerdings hinter den *bcl*-Promoter das Gen zur Expression von bax eingefügt worden. In allen Zellen, die den *bcl*-Promoter ansteuern, wird jetzt mit Hilfe dieses Konstruktes das BAX-Protein in hoher Konzentration hergestellt. Dies führt zu einer Verdrängung des BCL-Proteins aus dem heterodimeren BAX/BCL-Komplex und zur Ausbildung des homodimeren BAX/BAX.Komplexes. Dies ist molekularbiologisch gleichbedeutend mit dem Umlegen des Apoptose-Schalters in die Stellung „ein", so daß Alle Zellen mit diesem Expressionsmuster wieder durch Apoptose sterben können.

3.3 Prognose

Nach geradezu infantiler Euphorie in den Medien und von Wissenschaftlern zur inhaltlichen und zeitlichen Zukunft der Gentherapie in den Jahren 1994 und 1995 war 1996 ein wissenschaftpolitisch schwieriges Jahr für die Protagonisten auf dieser Qualitätsebene. Im Gefolge von Veränderungen in der Leitung des „National Institute of Health" (NIH) und den damit verbundenen Revier-Kämpfen wurden Äußerungen einer wissenschaftlich hochrangig besetzten Expertenkommission publiziert, die das Stimmungspendel auch bei den europäischen Förderinstitutionen spürbar in die andere Richtung ausschlagen ließen. Mit Aussagen wie „less hype more biology" und „back to the lab bench with gene therapy" wurden renommierte Virologen zitiert und die NIH Kommission urteilte „clinical efficacy has not been definitively demonstrated at this time in any gene therapy protocol despite anecdotical claims of successful therapy".

Richtig ist, daß durch gentherapeutische Maßnahmen bisher keine Patienten von ihren schweren Erkrankungen geheilt wurden. Richtig ist aber auch, daß die Strategien der Gentherapie, von denen einige in dieser Arbeit dargestellt sind, in den klinischen Studien der Phase I/II nicht widerlegt worden sind. Publizierte

Ergebnisse und solche, die zwischen den Arbeitsgruppen zirkulieren, zeigen, daß Zellzyklus, Immunsystem oder der Apoptose-Weg prinzipiell so auf den Einsatz der „Gentherapeutika" reagieren, wie es die entsprechend molekularbiologische Grundlagenforschung erwarten ließ. Allerdings steht „proof of principe" ganz am Anfang einer klinischen Prüfung und läßt keine Aussage über tatsächliche therapeutische Wirksamkeit in langfristigen Studien mit ausreichend großen und kontrollierten Patienten-Kollektiven zu. Deshalb steht nicht die Frage, daß die Gentherapie die angewandte Medizin grundlegend verändern wird, sondern die Frage ist, wann das ist.

Die Antwort hängt ab von der Lösung eher technisch-experimenteller Probleme bei der Konstruktion und Applikation der Vektoren zum Gentransfer und vom „Ausmaß der Individualität" in der Molekularenbiologie und Immunologie der jeweiligen Patienten. Bei der Vektor-Problematik ist es sinnvoll, die Transfektion ex vivo von der in vivo zu unterscheiden. Bei der Transfektion ex vivo werden den Patienten Zellen entnommen, außerhalb des Patienten transfiziert und dann den Patienten zurückgegeben. Hier gibt es eine Reihe von Transfektionsverfahren, die gut für den Einsatz in großen gentherapeutischen Studien geeignet ist. Ex vivo Transfektionen sind aber nur für immunologische Strategien geeignet, bei denen gentherapeutisch modifizierte Zellen als Impfstoffe therapeutisch oder prophylaktisch eingesetzt werden. Ein anderer Einsatzbereich, der zunehmende Bedeutung erlangt, ist die ex vivo Transfektion von Stammzellen, insbesondere des Organs Blut, um nach Re-Infusionen der transfizierten Zellen eine langanhaltende Expression des/der entsprechende Gene in den Organen zu erreichen, zu deren Entwicklung die Stammzellen beitragen. Die Verfahren der ex vivo Transfektion ist sicherlich noch zu optimieren, schwerwiegende oder prinzipielle Entwicklungsprobleme sind aber nicht zu erkennen.

Für viele gentherapeutische Strategien, insbesondere zur Beeinflussung von Zellzyklus und Apoptose bei der Behandlung von arteriosklerotischen Veränderungen oder in pharmakologisch schwer zugänglichen Bereichen, wie dem Gehirn, werden allerdings in vivo Transfektionsverfahren benötigt. Es ist anzunehmen, daß sich in diesem Bereich virale Vektoren durchsetzen werden. Die Möglichkeit, die Infektionseffizienz bestimmter Viren für eine „Therapeutische Infektion“ einzusetzen und/oder deren Organspezifität zu nutzen, sprechen für die Weiterentwicklung viraler in vivo Transfektionssysteme. Es könnte allerdings sein, daß hier ein prinzipielles Problem nicht hinreichend zu lösen sein wird. Viren benötigen für die effiziente Transfektion die Funktion ihrer eigenen viralen Proteine. Diese werden vom Immunsystem der Patienten als „fremd“ erkannt und sind deshalb Ziele von Immunantworten. Die Reduktion der Viren auf Minimal-Konstrukte, die derartige Proteine nicht mehr enthalten oder produzieren, führte bisher immer zum Verlust oder zu schwerwiegenden Einschränkungen in den gerade benötigten Eigenschaften Transfektionseffizienz und Organspezifität.

Für Molekularbiologen und Immunologen, die durch die Gentherapie erst den Weg in klinische Prüfungen und Anwendungen suchen, ist dies ein zwar bekanntes theoretisches Problem, in seinen tatsächlichen und prospektiven Konsequenzen aber auch nur am Patienten zu „erfahren“. Es handelt sich um den Übergang von Modellsystem im Labor, die für bestimmte Fragestellungen homologiert, definiert und optimiert sind, auf ein Kollektiv von Individuen, deren gemeinsame statistische Eigenschaft ein Krankheitsbild ist. Modellsysteme im Labor, als Zellkulturen oder als Tierversuche in Mäusestämmen, liefern Ergebnisse, die kausale Aussagen zulassen. Hier ist der Einsatz von Statistik eine Maßnahme zur Qualitätskontrolle, die wegen der Eindeutigkeit der Ergebnisse häufig gar nicht angewendet werden muß. Das Patienten-Kollektiv stellt eine statistische Verteilung von Eigenschaften dar, von denen eine die gleiche Erkrankung ist, die auch in Schweregrad und Symptomatik nur statistisch zu beschreiben ist. Es ist der wissenschaftlich nicht zulässige Übergang von Modellsystemen mit kausalen Zusammenhängen auf Patienten-Kollektive, die

statistisch definiert sind, der zu der in diesem Kapitel eingangs erwähnten Negativ-Propaganda. Geführt hat.
Einzige Lösung dieses Dilemmas ist eine sei Jahrzehnten geübte Praxis bei der klinischen Prüfung von Arzneimitteln: Prüfung eines kausal definierten Modells in einer begrenzten klinischen Studie: Einbringen der statistischen Ergebnisse in eine erneute experimentelle Laborphase zur Verbesserung des kausalen Modells und nächste klinische Prüfung nach einem verbesserten Protokoll bis Korrelationsanalysen Mißerfolg oder Erfolg anzeigen.
Derartige Zyklen erfordern allerdings Zeit, Infrastrukturen und finanzielle Ressourcen. Die Zeit drängt angesichts der fatalen Krankheitsbilder, deren Heilung sich die Gentherapie zur Aufgabe gemacht hat. Sollte allerdings die vom Gesetz her und die finanzielle Zerstörung der universitären Grundlagenforschung in Österreich weiter fortschreiten, wird die Entwicklung der somatischen Gentherapie zu Heilverfahren für derzeit unheilbare Krankheiten zumindest in diesem Land nicht möglich sein.

Gentherapie: sechs Möglichkeiten

Gentherapie kann auf verschiedenen Wegen erfplgen, je nachdem, welchen Zelltyp man abwandelt. Die Gentherapie für den ADA-Mangel richtet sich zum Beispie auf das Knochenmark. Bei familärer Hypercholesterinämie werden Leberzellen modifiziert, die dann über die Pfortader wieder in die Leber zurückgeführt werden müssen. Bluterkrankungen, bei denen den patienten bestimmte Gerinnungsfaktoren fehlen, versucht man durch Einspritzen genetisch veränderter Muskelzellen zu beherschen. Lymphocyten, die Proteine wie zum Beispiel den TNF herstellen und Krebszellen vernichten können, müssen aud dem Blutweg zu den Tumoren gelangen. Durch inhalieren könnten Adenoviren mit zusätzlicher genetischer Information zu defekten Zellen in den Lungen gelangen, etwa bei der Mukoviszidose. (Aus: Ingenieure des Lebens, Spekrtum Akademischer Verlag)

1. Genblockade

Suppressorgene können manchmal die Tumorentstehung verhindern. Mit einem Retrovirus als Vektor kann man das Gen einschleusen.

2. Stammzelltherapie

Manche Retroviren können das normale Gen in die Stammzellen des Knochenmarks tragen. Alle Zellen, die sich aus diesen Stammzellen entwickeln, besitzen das neu eingeschleuste Gen. Beispiel: ADA-Mangel.

3. Genübertragun über einen Rezeptor

Man kann das neue Gen an ein Molekül koppeln, das sich mit den Rezeptoren bestimmter Zellen verbindet. Über diese Rezeptoren erreicht das Gen seinen Bestimmungsort. Beispiel: Fettstoffwechselstörungen.

4. Inhalationstherapie

Bei Atemwegserkrankungen kann man neue Gene mit einem Adenovirusvektor einschleusen. Beispiel: Mukoviszidose (Cystische Fibrose).

5. Geninjektion

Durch Injektion der Gene eines Krankheitserregers kann man die Abwehrreaktion der Zellen gegen die betreffenden Krankheit anregen. Beispiel: AIDS und Hepatitis.

5. Genarzneimittel

Man kann neue Gene mit Trägersubstanzen unmittelbar in das erkrankte Organ injizieren, wo es von den Zellen aufgenommen wird. Beispiel: Duchenne-Muskeldystrophie.

Tabelle 4: Gentherapie am Menschen
(entnommen aus „Ingenieure des Lebens", Spektrum Verlag)

Therapieform	Arbeitsgruppe	Krankheit
Übertragung des ADA-Gens In periphere Lymphocyten	French Anderson, Michael Blaese, NIH, Bethesda, USA, 1990	ADA-Mangel
Übertragung des TNF-Gens In Lymphocyten	Steven Rosenberg, NIH Bethesda, USA, 1991	Hautkrebs (Melanom)
Übertragung des Gens für Faktor IX inBindegewebs-Vorläuferzellen	Fudan-Universität und Krankenhaus, Shanghai, China,1991	Bluterkrankheit
Übertragung des Gens für Interleukin-2 in Krebszellen	Steven Rosenberg, NIH Bethesda, USA, 1992	Krebs
Übertragung des TNF-Gens in Krebszellen	Steven Rosenberg, NIH Bethesda, USA, 1992	Krebs
Übertragung des Gens für den LDL-Rezeptor in Leberzellen	James Wilson, University of Michigan, Ann Arbor, USA	familäre Hypercholesterinämie
Übertragung von Antigenen in Krebszellen	Scott Freeman University of Rochester, USA	Eierstockkrebs
Übertragung von Antigenen in Krebszellen	Gary Nabel University of Michigan, Ann Arbor, USA	Hautkrebs
Genetisch veränderte Lymphocyten	Fred Hutchinson, Cancer Research Center, Washington University, Seattle, USA	AIDS

4. Transgene Tiere und Pflanzen in Forschung und Medizin

Transgenität

Organismen, die zusätzliches, nicht von ihrer Art stammendes genetisches Material enthalten, nennt man transgen. Im Prinzip kann man heutigen Methoden jede Zelle transgen machen.
Transgenität ist ein durchaus natürliches Phänomen; zum Beispiel kann das Bodenbakterium *Agrobacterium tumefacies* mit Hilfe von Plasmiden sehr leicht Gene in die Genome höherer Pflanzen übertragen.

4.1 Transgene Tiere

4.1.1 Einleitung

Obwohl es schon seit Anfang der 70er Jahre möglich war, Gene in Mikroorganismen und Zellkulturen zuüberführen („klassische" Gentechnik), dauert es weitere 10 Jahre, bevor es gelang, auch vielzellige Organismen gezielt gentechnisch zu verändern. Bei vielzelligen Tieren ist nicht nur die Vielzelligkeit ein Problem, sondern auch die Existenz einer Keimbahn. Nur die Keimzellen geben ihre genetische Information an die nächste Generation weiter. Daraus folgt, daß eine gezielte gentechnische Veränderung eines Tieres, wenn sie über die Generationen hinweg Bestand haben soll, die Chromosomen der Keimbahn betreffen muß. Nur so ist die Erzeugung „transgener" Tiere möglich. Der Begriff „Transgen" (Gordon und Ruddle, 1981) beschreibt demnach Organismen, die in ihrem Genom DNA-Abschnitte fremder Spezies stabil integriert besitzen und diese Fremd-DNA an ihre Nachkommen weitervererben. Die überführten Gene können klonierte Gene, neuartig zusammengesetzte Genkonstrukte oder seltener auch nicht kodierende DNA sein. Selbst völlig synthetisch hergestellte DNA kann als Transgen verwendet werden.

Der methodische Durchbruch bei der Herstellung transgener Tiere gelang 1982/82 mit der Publikation sehr effizienter Keimbahn-Transformationsprotokolle für die Fliege *Drosophila melanogaster* (Spradling und Rubin,1982) sowie für die Maus als erstem Säugetier. So gelang es, durch Überführen und gezieltes Anschalten der Gene für menschliches bzw. Rinder-Wachstumshormon Mäuse zu erzeugen, die erheblich schneller wachsen und bedeutend größer werden (Palmiter und Brinster, 1986 und 1983). Grundlage für die Erfolge bei der Maus waren u. a. die frühen Arbeiten von Jaenisch, der bereits 1974 durch Infektion von Mausembryonen mit Retroviren die ersten transgenen Mäuse erzeugen konnte (Jaenisch, 1988). Die Herstellung transgener Schafe, Schweine und Kaninchen gelang erstmals 1985 (Hammer et al., 1985). Eine Übersicht über die zur Zeit erforschten transgenen Tiermodelle gibt Tab. 5.

Tab. 5: Transgene Tiere und ihre Anwendungsgebiete

Organismus	**bevorzugte Technologie**	**Hauptanwendungsgebiete**
Maus	Mikroinjektion in Zygoten-Vorkern oder ES-Zelltechnologie	Aufklärung von Genfunktionen und -regulation, Krankheitsmodell
Ratte	Mikroinjektion in Zygoten-Vorkern	Krankheitsmodell (z. B. Autoimmunerkrankungen)
Kaninchen	Mikroinjektion in Zygoten-Vorkern	Krankheitsmodell (z. B. Arteriosklerose)
Schwein	Mikroinjektion in Zygoten-Vorkern	„Gene Pharming“, Organspender, Nahrungsmittelproduktion (Größe; Fleischqualität; Krankheitsresistent)
Schaf/Ziege	Mikroinjektion in Zygoten-Vorkern	„Gene Pharming“
Kuh	Mikroinjektion in Zygoten-Vorkern	„Gene Pharming“
Geflügel	Injektion von Keimbahnzellen mit retroviralen Vektoren, spermaabhängiger Gentransfer oder Mikroinjektion in Blastoderme	Nahrungsmittelproduktion (Größe und Krankheitsresistenz)

Fische (z. B. Lachs)	Mikroinjektion ins Cytoplasma befruchteter Eizellen oder Gentransfer über Spermien	Nahrungsmittelproduktion (Wachstumssteigerung, Kälteresistenz); Modellsystem der Embryologie und Entwicklungsgenetik
Insekten (z.B. *Drosophila, Ceratitis)*	Mikroinjektion in Embryonen unter Verwendung von Transposons als Vektoren	Aufklärung von Genfunktionen und –regulation, Modellsystem der Entwicklungsgenetik, Schädlingsbekämpfung
Nematoden (*C. elegans*)	Injektion in Geschlechtsanlagen erwachsener Zwittertiere	Genfunktion und –regulation, Modellsystem der Entwicklungsgenetik
Amphibien (*Xenopus laevis*)	Mikroinjektion in befruchtete Eizellen oder Herstellung transgener Zellkulturzellen und Transplantation transgener Kerne in unbefruchtete Eizellen	Modellsystem der Entwicklungsgenetik

Die Bedeutung transgener Tiere für die genetische, biomedizinische und züchterische Grundlagenforschung ist offensichtlich. Transgene Tiere werden erzeugt, um Gene und ihre Kontrollelemente zu identifizieren und ihre Funktion zu studieren. Der Stand der Gentechnik erlaubt es, mit Hilfe solcher Kontrollelemente in Tiere überführte Gene gezielt Organ- und Zelltypspezifisch an- oder abzuschalten. Durch transgene Tiere (z. B. solche mit bestimmten zusätzlichen Krebsgenen) können menschliche Erkrankungen simuliert werden. Anhand solcher Tiermodelle werden Ansätze zur Gentherapie entwickelt. Nicht nur das Hinzufügen von Genen, sondern auch das gezielte Verändern oder gar Ausschalten einzelner Gene ist durch die Gentechnik mittlerweile möglich und erlaubt detaillierte Einsichten in die Interaktion zwischen verschiedenen Genen bei der Entwicklung tierischer Organismen.

In der Züchtungsforschung lagen die Schwerpunktziele der Gentechnik bis vor wenigen Jahren darin, Nutztiere mit gesteigertem Wachstum, besserer Fleischqualität oder verbesserter Krankheitsresistenzen zu erzeugen. Die schlichte Überexpression z. B. von Wachstumshormonen hatte jedoch vielfach katastrophale Nebenwirkungen auf die Gesundheit der transgenen Tiere (Puresl et al., 1989). Eine erfolgreichere Anwendung der Gentechnik bei Nutztieren wird heute eher in der Produktion biomedizinisch wichtiger Substanzen z. B. in der Kuhmilch gesehen („Gene-Pharming"). Darüber hinaus erscheint es möglich, tierische Organe in der Transplantationsmedizin zu verwenden. Dies erfordert ein Ausschalten der Gewebe-Abstoßungsmechanismen mit Hilfe von Gentransfer-Techniken. Eine weitere mögliche Anwendung transgener Tiere wird in der Insekten-Schädlingsbekämpfung gesehen. Dies würde einhergehen mit einer Freisetzung gentechnisch veränderter Tiere.

4.1.2 Transgene Tiere als Modellsystem für menschliche Krankheiten

Für das Verständnis von Krankheiten, ihrer Ursache, ihres Verlaufs, aber auch für die Entwicklung von Behandlungsmethoden sind Tiermodelle extrem hilfreich und wichtig. Leider gibt es nur für einen kleinen Teil der menschlichen Krankheiten Tiermodelle. Die Transgen-Technik eröffnet hier völlig neue Möglichkeiten, gezielt durch Gentransfer oder Gen-„Knockout" Tiere zu erzeugen, die Krankheiten oder Prädispositionen zur Entwicklung von Krankheiten tragen und die damit als Tiermodelle für menschliche Krankheiten Verwendung finden. Gentransfer und Gen-„Knockout" sind unterschiedliche Techniken, die zu verschiedenen Ergebnissen führen. Der Gentransfer ist das klassische Verfahren, mit dem transgene Tiere hergestellt werden. Dabei werden Gene dem betreffenden Genom hinzugefügt. Ziel ist die zusätzliche Expression eines bestimmten Gens, ohne die endogene Genexpression dadurch im wesentlichen zu stören. Wenn es sich bei dem Gen, das möglicherweise überdies durch die Hyperaktivität eines künstlich hinzugefügten Promoters viel intensiver als in seiner natürlichen Form ausgeprägt wird, um ein dominantes Gen handelt, dann kann bereits eine Kopie eines solchen Gens das transgene Tier krank machen. Auf diese Weise kann durch den Gentransfer ein wertvolles Tiermodell für menschliche Krankheiten erzeugt werden.

Das wohl berühmteste Beispiel für ein auf diese Weise erzeugtes Tiermodell ist die berühmte „Harvard-Maus" oder „Onko-Maus", die von Philip Leder von der Harvard-Universität in Cambridge (Massachusetts) und Timothy Stewart, der dann bei der amerikanischen Firma Genetech arbeitete Mitte der 80er Jahre erzeugt worden ist. Im April 1988 machte diese weiße Maus Rechtsgeschichte: Sie wurde als erstes Tier in den Vereinigten Staaten patentiert. Weil neu und für die künftige Krebsforschung nützlich, so entschied das US-Patent- und Markenamt, sei das nach dem geltenden Patentrecht als Erfindung schutzwürdig. Mit dieser Entscheidung beseitigte die Behörde das letzte Hindernis gegen die Patentierung nichtmenschlicher Lebensformen- zumindest in den Vereinigten Staaten. Den beiden Wissenschaftlern ist es in der Tat gelungen gentechnisch einen neuartigen Organismus zu schaffen, indem sie ein menschliches Krebsgen in Eizellen eines Laborstammes einbauten, aus denen sich in ihre Erbmasse nachhaltig veränderte Tiere entwickelten.

Bei den „Onko-Mäusen" handelt es sich um transgene Tiere, in deren Chromosomen aktive, dominante Onkogene (*c-myc, neu*, u. a.) unter der Kontrolle hochaktiver Genpromotoren überführt worden sind. Durch die Hyper-Aktivität der dominanten Onkogene entwickeln solche Mäuse abhängig von der Art des Onkogens und des Promoters in großer Häufigkeit in bestimmten Geweben Tumore. Die *c-myc*-Onko-Maus zeigt z. B. eine hohe Prädisposition zur Bildung von Adenokarzinomen in den Mammadrüsen (Stewart et al., 1984). Diese gentechnisch Veränderte Mäuse sind hervorragende Tiermodelle zum Studium von Krebserkrankungen. Die Lizenz für die Herstellung und den Verkauf von „Onko-Mäusen" hat der Chemiekonzern „DuPont" erworben. Neben der „Onko-Maus" gibt es inzwischen eine ganze Palette von transgenen Tieren, überwiegend von transgenen Mäusen, bei denen durch Überexpression oder dysregulierte

Expression von Gene Krankheiten ausgelöst werden, die auch beim Menschen vorkommen. Eine Auswahl zeigt Tab. 6.

Tab. 6: Transgene Tiere als Modelle menschlicher Erkrankungen

Tier	Gen (Genprodukt)	Pathol. Befund in dem transgenen Tier	Menschl. Krankheit (Ref.)
Maus	T-Zell-Rezeptor-Gen		Autoimmunkrankheit (Lo, 1996)
Maus	hGh Gen (menschl. Wachstumshormon)	Riesenwuchs, Nephropathologische Veränderungen	Riesenwuchs, Glomerkulusklerosis (Brem et al., 1988, 1989; Wanke et al., 1991)
Maus	Humanes Amyloid β-Protein-Gen	Amyloid-Plaques, Fibrillen	Alzheimerische Krankheit (Wirak et al., 1991
Ratte	Maus-Ren 2-Gen, (Protein)	Bluthochdruck	Bluthochdruck (Paul et al., 1994)
Maus	CFTR-Gen (Cystic fibrosis transmembrane conductance regulator)		Mukoviszidose
Maus	Hamster Prn-p-Gen (Prion-Protein)	Prädisposition für „Scrapie"	Creutzfeld-Jakob-Krankheit (Aguzzi et al., 1994)
Maus	HIV gp 120-Gen	Degenerative Läsionen im Zentralnervensystem	AIDS-Dementia (Aguzzi et al., 1994)
Maus	Apolipoprotein B-Gen	Cholesterin-Kristalle	Arteriosklerose (Breslow, 1996)
Maus	CETP-Gen (Affe) (Cholesterolester-Transferprotein)	Absenkung von HDL-Cholesterol, Verstärkung von Läsionen	Arteriosklerose (Breslow, 1996)

Ein weiteres Verfahren zur Erzeugung von Krankheitsmodellen mit Hilfe des einfachen Gentransfers ist die Überführung und Expression von mutierten Genen, die eine transdominante, veränderte Form eines Proteins in dem transgenen Tier erzeugen. Auch hierfür gibt es inzwischen viele Beispiele, von denen nur wenige exemplarisch erwähnt werden sollen. So konnten transgene Mäuse mit transdominanten, mutanten Formen des Gens für das Apolipoprotein E (Apo E Leiden und ApoER142C) des Menschen erzeugt werden, die bei cholesterinreicher Ernährung deutliche Arteriosklerose-änliche Symptome bei den Mäusen hervorrufen. Außerdem zeigen die Mäuse einen sehr hohen Cholesteringehalt im Blut nach cholesterinreicher Diät (Breslow, 1996).

Die Überführung eines mutierten Pro-a-1-I Kollagen-Gens in Mäusen erzeugt eine Wachstumsstörung (*Osteogenesis imperfecta*), die beim Menschen in ihrer schwersten Ausprägung bereits vor der Geburt zum Tode führt. Im Falle der transgenen Mäuse, die zusätzlich zu ihren endogenen, intakten Kollagen-Genen eine künstlich mutierte Kopie des COLIA(I) gens enthielten (Glycin 859 $\Rightarrow$ Cys bzw. Arg 859), reichten bereits 10% an mutiertem Protein aus, um *Osteogenesis imperfecta* auszulösen (Stacy et al., 1988).

Diese zwei Beispiele sollen zeigen, wie durch einfachen, additiven Gentransfer gezielt ein tierisches Krankheitsmodell erzeugt werden kann. Die Vorteile dieses Verfahrens liegen auf der Hand. Neben der relativ einfachen Herstellung transgener Mäuse ist es mit dem Verfahren auch möglich, andere Tierarten als transgene Krankheitsmodelle zu verwenden. Das ist vor allem für Tiermodelle wichtig, an denen Therapieverfahren erprobt werden sollen. Aber auch bei Modellen für bestimmte Stoffwechselerkrankungen sind andere Tierarten, wie z. B. die Ratte oder das Schwein sehr viel besser geeignet als die Maus.

Obwohl das einfache transgene Tiermodell unter Verwendung transdominanter Mutanten bei der gezielten Erzeugung transgener Tiermodelle eine große Zukunft haben wird, ist dieses Verfahren für sehr viele Krankheiten nicht anwendbar. Dies liegt vor allen Dingen darin begründet, daß nur in einer Minderzahl der gentechnisch bedingten Erkrankungen monogen-dominante Erbgänge vorliegen. Die Mehrzahl der Erkrankungen ist entweder durch rezessive Faktoren bedingt oder wird durch das Zusammenspiel von vielen verschiedenen Genen verursacht. Für diese Fälle ist es wichtig, einzelne Gene gezielt ausschalten zu können. Das wohl bekannteste Verfahren, Gene gezielt auszuschalten, ist die Herstellung der sogenannten „Knockout-Mäuse“. Dabei wird im Gegensatz zu „normalen“ transgenen Tieren nicht einfach ein Gen in dem Genom des Empfängertiers hinzugefügt, sondern durch sogenannte homologe Rekombination ein Gen oder ein DNA-Abschnitt gezielt entfernt und/oder gegen einen anderen, veränderten DNA-Abschnitt ausgetauscht. Das Entscheidende an dem Verfahren ist, daß damit im Prinzip jedes beliebige Gen ausgeschaltet, mutiert oder in seinem Expressionsmuster nahezu beliebig verändert werden kann. Es besteht sogar teilweise die Möglichkeit, das Gewebe oder den Zeitpunkt zu bestimmen, wo oder wann das Gen seine Funktion einstellt oder ganz aus dem Chromosom entfernt wird. So ist es auch nicht verwunderlich, daß seit der Erfindung des „Gene Targeting" (Thomas und Capecchi, 1987; Doetschman et al., 1987) mehrere hundert verschiedene „Knockout"- Mäusestämme erzeugt worden sind. Eine relativ vollständige Liste der bis 1995 erzeugten „Knockot"-Mäusestämme haben Brandon et al (1995) veröffentlicht. Die Kollektion an „Knockout"-Stämmen wächst so schnell, daß sich führende wissenschaftliche Institutionen entschlossen haben, die aktuelle Liste der verfügbaren „Knockout"-Mäusestämme per Internet/World Wide Web jedem Interessenten zur Verfügung zu stellen („Tbase"; http://www.gdb.org/Dan/tbase.html).

Eine kleinere Auswahl von „Knockout"-Mäusen, die als Modellsysteme für wichtige menschliche Krankheiten verwendet werden, ist in Tab. 7 aufgeführt. Wie die Tabelle zeigt, lassen sich sogar pathologische oder von der Norm abweichende Verhaltensweisen durch gezielte Genveränderungen bei Mäusen untersuchen. Sind bisher überwiegend einzelne Gene ausgeschaltet worden, so werden in Zukunft verstärkt Kombinationen von mehreren Genen hinzukommen, so daß die Hoffnung besteht, auch für polygen-bedingte Krankheiten Tiermodelle etablieren zu können. Gerade für diese schwierig zu analysierenden Zusammenhänge ist das „Knockout" – Verfahren von unschätzbarem Wert. Je mehr „Knockout"-Mäusestämme zur Verfügung stehen, umso leichter und schneller können auch die Wirkungen von Genkombinationen durch Kreuzung der entsprechenden Stämme untersucht werden. Die Maus wird mehr und mehr zum sprichwörtlichen Versuchskaninchen der Molekularmedizin. Leider gibt es bisher die Möglichkeit des „Gene Targeting“ bei höheren Organismen ausschließlich bei der Maus, da nur hier die Isolierung und Kultivierung der pluripotenten embryonalen Stammzellen gelingt. Weltweit wird intensiv daran gearbeitet, das „Gene Targeting“ auch bei anderen Tierarten möglich zu machen.

4.1.3 Transgene Tiere in der genetischen Grundlagenforschung

So wie transgene Tiere als Modellsysteme für die Erforschung menschlicher Krankheiten dienen, werden die Möglichkeiten der Gentechnik genutzt, um genetische Grundlagenforschung zu betreiben. Die genetische Grundlagenforschung hat das Ziel, die Struktur, die Wirkungsweise, das Zusammenspiel und die Evolution der Gene und anderer Genomkomponenten zu erforschen. Es liegt daher nahe, die Wirkungsweise von Genen dadurch zu studieren, daß man versucht, die Gene zu isolieren, um sie schließlich - vielleicht auch in veränderter Form oder unter der Kontrolle verschiedener Regulatorelemente – wieder in einen Organismus zurück zu überführen. Über die Veränderung, die das Transgen in dem Wirtsorganismus hervorruft, lassen sich dann Erkenntnisse über die Wirkungsweise und die Funktion des betreffenden Gens gewinnen. Beispiele für diese Art der Forschung gibt es unzählige, von denen ich hier nur wenige, besonders herausragende exemplarisch vorstellen werde.

Eine der wichtigsten Fragestellungen in der modernen Genetik ist die Frage nach der Funktion eines bestimmten Gens. Häufig (und zunehmendem Maße im Rahmen großer Genomprojekte) ist die komplette Struktur eines Gens bis hin zur Basensequenz bekannt, ohne daß konkrete Vorstellungen über die Funktion des Gens oder des Genprodukts existieren. Die Funktionsanalyse gestaltet sich in solchen Fällen fast immer sehr schwierig. Der beste Beweis für die Funktion eines Gens ist die Komplementation oder das „rescue“ („Rettung“) einer Mutante des betreffenden Gens. Darunter ist zu verstehen, daß durch Hinzufügen eines definierten DNA-Abschnitts zu dem Genom eines Organismus mit einem mutanten Phänotyp der Wildtyp wiederhergestellt werden kann. Beim Menschen würde man ein solches Verfahren als Gentherapie und, wenn es die Keimzellen beträfe, als Keimbahngentherapie bezeichnen. In der Tat gibt es bei allen wichtigen genetischen Modellorganismen heute die Möglichkeit, solcher Keimbahntherapie durchzuführen, allen voran bei *Drosophila melanogaster*. Es gibt wohl kaum einen anderen Organismus in der Komplexitätsstufe von *Drosophila melanogaster* , der klassisch und molekulargenetisch besser untersucht wäre. Deshalb ist es nicht verwunderlich, daß die Transgen-Technik bei diesem Modellorganismus besonders hoch entwickelt ist und für die genetische Grundlagenforschung sehr wertvolle Beiträge liefert. Schon 1982 wurde von Spradling und Rubin die P-Element-vermittelte Keimbahntransformationn entwickelt, die es gestattet, nahezu jede beliebige DNA in die Chromosomen der Keimzellen von *Drosophila* zu überführen. Durch diese Genintegrationssystem ist es möglich, schnell und routinemäßig „Rescue" – Experimente durchzuführen, d. h. eine Mutation dadurch auszugleichen, daß eine intakte Genkopie dem geschädigten Genom hinzugefügt und damit eine „Reparatur" oder eine „Rettung" durchgeführt wird.

Tab. 7: „Knockout"-Tiermodelle für menschliche Krankheiten

Krankheit	Ausgeschaltetes Mausgen oder Genprodukt
Kardiologie	
Arterioslkerose	Apolipoprotein E, „low-density-lipoprotein receptor" (LDL-Rezeptor)
Salzsensitiver Bluthochdruck	atrial nutriuretic peptide
Endokrinologie	
familäre hypocalciuride Hypercalaämie	Kalzium-Rezeptor
Glycogenspeicher-Krankheit Typ 1	Glucose-6-Phosphatase
intrauterine Wachstumsverzögerung	Insulin-like growth factor II
Fettsucht	β_3-Adrenerger Rezeptor

Gastroenterologie	
Hirschsprungs Krankheit	Endothelin-Rezeptor
Ulcerative Colitis	Interleukin.2
Hämatologie	
α-Thalassämie	α-Globin
Hämophilie A	Factor VIII
Chronische Granulomatose	Cytochrome b-245
Immunologie	
autotimmunes lymphoproliferatives Syndrom	FAS
Bruton`s Agammaglobulinämie	Bruton`s Tyrosinkinase
Hyper-IgM-Syndrom	CD40 Ligand
Schwere kombinierte Immun-Defizienz	
-autosomal rezessiv	Janus-Kinase (JAK)-3#
-X-gekoppelt	Interleukin-2-Rezeptor Gamma-Kette
Metabolismus	
Gaucher Krankheit	β-Glucocerebrosidase
Homocysteinämie	Cystathionin. β-Synthase
Lesch-Nyhan-Syndrom	Hypoxanthin-phosphoribosyltransferase
Niemann-Pick-Krankheit	Saure Shingomyelinase
Tay-Sachs-Krankheit	α-Hexosaminidase A
Neurologie	
schlechtes Kurzzeitgedächnis	Calmodium Kinase II
Oncologie	
Li-Fraumeni-Syndrom	p53
Neurofibromatose	NF-1
Retinoblastom	RB
Pulmonologie	
Mukoviszidose	Cystic fibrosis transmembrane conductance regulator (CFTR)
Psychische Erkrankungen/Verhalten	
Alkoholismus	5-HT (1B) Serotoninrezeptor
Agressivität, Schrekhaftigkeit	Monoaminooxidase A
agressive Sexualverhalten, Angriffslust	Neuronale NO Synthase

Die gentechnischen Möglichkeiten mit *Drosophila melanogaster* gehen aber weit darüber hinaus. Durch die große Auswahl an klassisch wie auch molekulargenetisch gut charakterisierten Genen inklusive ihrer regulatorischen Elemente ist es möglich, die Aktivität von Transgenen oder Genkombinationen gezielt zu steuern. Damit können insbesondere komplexe Fragen der Entwicklungsbiologie beantwortet werden. Aus der Vielzahl der auch für die Entwicklung des Menschen relevanten Beispiele, möchte ich eines herausgreifen.

Das Gen *eyeless*, das in der Augenentwicklung von *Drosophila* eine Rolle spielt, kann, wenn es zum rechten Zeitpunkt, aber an falscher Stelle im Organismus exprimiert wird, multiple Augen z. B. auch an den Beinen der Tiere erzeugen (Halder et al., 1995). Das Beispiel zeigt, welche enorme Wirkung die falsche Ausprägung eines einzigen Gens haben kann.

Ein sehr wichtiges Verfahren zur Identifizierung und zur Funktionsanalyse von Genen mit Hilfe von transgener *Drosophila* ist das „Enhancer-Trap“ - Verfahren. Dabei handelt es sich um eine sehr wirkungsvolle Methode zum Auffinden von genregulatorischen DNA-Abschnitten und den dazugehörigen Genen in transgenen Tieren. Das Prinzip ist einfach und gleichzeitig genial (Abb. 4): Die Transgen Kassette, die an jeweils einer zufälligen Stelle des *Drosophila* –Genoms eingebaut wird, besteht aus a) einem Reportergen unter der Kontrolle eines schwachen Genpromotors, b) einem Markergen, das der transgenen Fliege rote Augen verleiht, c) P-Element-Abschnitten, die unter Umständen eine Mobilisierung der gesamten Kassette erlauben und d) bakterielle Sequenzen, die alles enthalten, was zur Replikation und Selektion in *Escherichia coli* notwendig ist. Wird die „Enhancer-Trap“ -Kassette bei der Transgenese in der Nähe eines Gens integriert, dann kann der Enhancer dieses Gens die Ausprägung des Reportergens um ein Vielfaches steigern. Das Reportergenprodukt, das sich im allgemeinen leicht z. B. durch eine einfache Färbung oder durch Eigenfluoreszenz nachweisen läßt, zeigt dann, wo und in welchen Entwicklungsstadien das entsprechende Gen seine Wirkung entfaltet. Auf diese Weise ist es leicht möglich Gene zu identifizieren, die in einem speziellen Gewebe oder zu einem speziellen Entwicklungszeitpunkt aktiv sind. Das Verfahren bietet darüber hinaus noch die Möglichkeit, das betreffende Gen auch sofort molekular zu isolieren. Dazu ist es lediglich notwendig, die Fliegen-DNA zu zerkleinern, die Fragmente mit der DNA-Ligase in Ringform zu überführen und mit dieser DNA Bakterien zu transformieren. Da die „Enhancer-Trap“ -Kassette sowohl den Replikationsursprung eines bakteriellen Plasmid als auch ein bakterielles

Antibiotika-Resistenzgen enthält, lassen sich sehr schnell Bakterienklone selektionieren, die die ursprüngliche *Drosophila* -„Enhancer-Trap“ - Kassette aufgenommen haben. Bei Anwendung der richtigen Strategie enthält die in Bakterien vermehrte DNA auch zusätzlich noch Abschnitte aus der umgebenden Region des *Drosophila* – Chromosoms, so daß mit dieser DNA als Sonde wiederum aus Genbanken das vollständige interessierte Gen herausgesucht werden kann. Das „Enhancer-Trap“ –Verfahren hat zu Tausenden von verschiedenen Drosophila-Stämmen geführt, deren molekulare Aufarbeitung vermutlich Jahre in Anspruch nehmen wird. Obwohl *Drosophila* als transgenes Tiermodell sicherlich für die genetische Grundlagenforschung das wichtigste, weil am besten entwickelte Modell ist, darf nicht unerwähnt bleiben, daß das Maus-Modell für das Verständnis der Gene des Menschen und erblicher Erkrankungen sehr viel bedeutsamer ist. Hinzu kommt, daß „Gene Targeting“, wie es bei der Maus möglich ist, bei *Drosophila* nur auf Umwegen und sehr kompliziert durchzuführen ist. Als transgene Tiermodelle für die Grundlagenforschung werden beide Spezies eine große Zukunft haben.

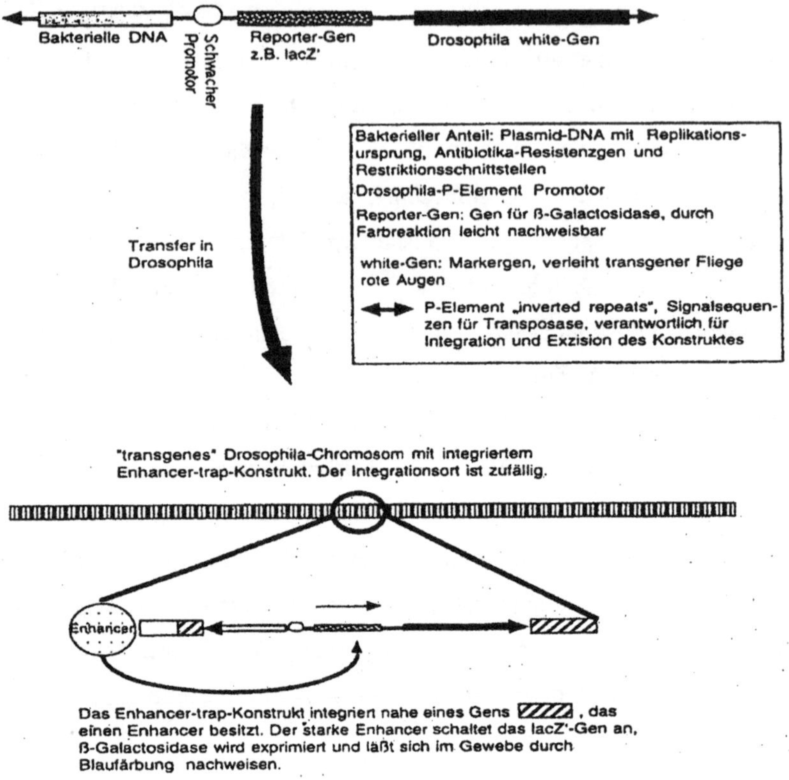

Abb. 4: Aufbau und Wirkungsweise einer „Enhancer-Trap" –Kassette zur Aufklärung der Funktion von Genen in transgener *Drosophila*. (nach T. Hankeln und E. R. Schmidt)

4.1.4 Methoden zur Herstellung transgener Tiere

Zur Herstellung transgener Tiere stehen mittlerweile mehrere unterschiedliche Methoden zur Verfügung (Schenkel, 1995; Brem, 1993). Ziel ist es, daß alle Körperzellen, aber auch die Keimzellen, das Fremde Gen tragen. Der Gentransfer muß daher in möglichst frühen Stadien der Entwicklung eines Tieres stattfinden.

Fremdgene werden deshalb meistens in befruchtete Eizellen oder sehr frühe Embryonen überführt.

Bei der Mikroinjektion wird die Fremd-DNA typischerweise in einen der beiden Vorkerne einer befruchteten Eizelle injiziert, die zuvor aus einem Spendierter gewonnen wurde. Der injizierte Embryo wird daraufhin in den Reproduktionstrakt einer „Leihmutter“ transferiert und von dieser ausgetragen. Meist haben die Nachkommen das Transgen auch in den Keimzellen integriert und vererben es weiter. Reine transgene Linien werden durch Kreuzungen hergestellt.

Die mikroinjizierte DNA besteht aus klonierten Genkonstrukten, deren prokaryotische Vektoranteile vor der Injektion entfernt werden müssen, da sie unter Umständen die Expression des Transgens beeinträchtigen. Meist sind Transgene nicht länger als 20.000 Nukleotidbausteine. Dies hängt jedoch von den verwendeten, oft prokaryotischen Klonierungsvektoren ab, die eine limitierte Aufnahmekapazität besitzen. Unter der Verwendung von künstlichen Hefe-Chromosomen (YACs) als Vektoren konnten auch transgene Mäuse mit Integraten von mehreren hunderttausend Basenpaaren hergestellt werden (McCormick et al. 1996). Dies ist vor allem für den kompletten Transfer von oft sehr langen eukaryotischen Genen essentiell.

Leider werden die inizierten DNA-Moleküle oft beim Einbau in die Chromosomen der Wirtstiere verändert. So assoziierte DNA-Moleküle häufig miteinander vor der Integration ins Zielgenom, und man findet am Ort der Integration dann bis zu 200 Kopien des Transgens. Der Ort der Integration ist bei der Mikroinjektionsmethode nicht im Voraus bestimmbar. Man geht davon aus, daß Brüche in der Genom-DNA als bevorzugte Integrationsorte dienen (McFarlane und Wilson, 1996). Häufig wird das Zielgenom am Ort der Integration durch Umbauten der DNA verändert. Beides führt dazu, daß bei einem nicht unerheblichen Teil der so erzeugten transgenen Tiere (ca. 5% bei Mäusen) wichtige Genfunktionen durch die Integration zerstört werden. Solche Mutationen können jedoch der Forschung von Nutzen sein, da die durch Integration

inaktivierten Gene und ihre Funktion auf diese Weise entdeckt und charakterisiert werden können.
Die Vorkern-Injektion gilt allgemein als schnelle, oft erfolgreiche Technik. Bei Mäusen sind zwischen 5% und 30% der aus injizierten Zygoten hervorgehende Tiere transgen. Aufgrund der bei Mäusen gewonnenen Expertise ist die Mikroinjektion auch die bevorzugte Methode für die Erzeugung transgener Nutztiere. Bei Schweinen, Ziegen, Schafen und Rindern gestaltet sich die Mikroinjektion jedoch schwieriger und erheblich weniger effizient, da die Zygoten-Vorkerne nur schlecht sichtbar sind und die Embryonen-Kultivierung problematischer ist (Schenkel, 1995, Brem, 1993). Die niedrige Effizienz der Vorkern-Injektion bei manchen Spezies kann unter Umständen zukünftig beseitigt werden, indem man die DNA mit bestimmten Liganden koppelt und ins Cytoplasma von Zygoten injiziert. Entsprechende Versuche bei der Maus waren erfolgreich (Page et al., 1995). Auch die kontinuierliche Bereitstellung großer Mengen an Zygoten des Vorkern-Stadiums durch neuartige Möglichkeiten der Kältekonservierung kann den zeitlichen und finanziellen Aufwand der Herstellung transgener Tiere vermindern helfen (Tada et al., 1995). Neben der Zerstörung vieler Embryonen während der Prozedur gelten jedoch als Hauptnachteile der Mikroinjektionsmethode nach wie vor die Zufälligkeit des Transgen-Integrationsortes und die variable, nicht beeinflußbare Anzahl der integrierten Transgen-Kopien.
Alternativ zur Mikroinjektion hat man in der zweiten Hälfte der 80er Jahre insbesondere für die Maus eine Technik entwickelt, die auch eine gezielte Einschleusung von Fremdgenen als Einzelkopie in das Zielgenom an genau definierten Stellen erlaubt (Abb.5). Man bedient sich dabei sogenannter embryonaler Strammzellen (ES-Zellen), die aus ca. 3 Tage alten Embryonen (Blastozysten) gewonnen und im Labor permanent kultiviert werden können. In diese ES-Zellen werden in vitro neukombinierte Genkonstrukte überführt (z. B. durch Elektroporation, DNA-Partikelkanone oder Mikroinjektion). Unter

bestimmten Voraussetzungen findet in ES-Zellen eine homologe Rekombination zwischen den transfizierten Konstrukt und der passenden, homologen Genkopien der Zelle statt (Abb.6). Durch ein solches „Gene Targeting" (Capecchi, 1994; Melton, 1994) kann eine „normale" Genkopie z. B. gegen eine mutierte Version oder gar eine inaktive Kopie ausgetauscht werden. So lassen sich Gene definiert verändern oder ganz ausschalten. Insbesondere die Erzeugung transgener Linien, in denen einzelne Gene ausgeschaltet worden sind („Gene Knockouts"), ist für die funktionelle Charakterisierung neu entdeckter Gene ein sehr wichtiges Verfahren.

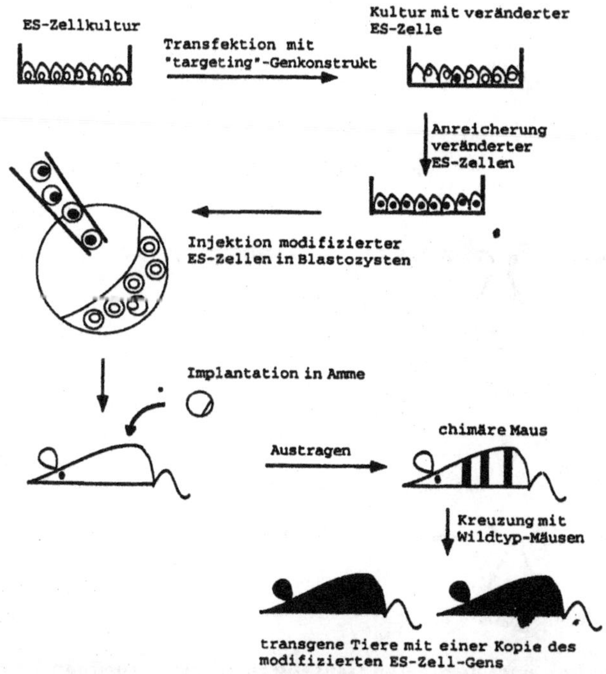

Abb. 5: Herstellung transgener Mäuse durch ES-Zell-Technologie und „Gene Targeting. (Nach T. Hankeln und E. R. Schmidt).

Die so veränderten transgenen ES-Zellen werden unter geeigneten Kulturbedinungen selektiert und in Blastozysten reimplantiert, die zuvor aus Spendertieren gewonnen wurden. Die Blastozysten wiederum werden in Ammen überführt und ausgetragen. Da die ES-Zellen „pluripotent" sind, beteiligen sie sich an der Entwicklung aller Organe des entstehenden Tieres. Es entstehen etwa 35% chimäre Tiere mit ES-Zell-abhängigen und -unabhängigen Geweben. Wenn die veränderten ES-Zellen auch zur Genese der Keimbahnzellen beigetragen haben (ca. 40%), kann die genetische Veränderung in die nächste Generation vererbt werden. Durch entsprechende Kreuzungen müssen dann reine transgene Linien (mit homozygotem transgen) hergestellt werden. Die Technik an sich ist relativ aufwendig. Der unschätzbare Vorteil der Methode besteht jedoch darin, daß der Genbestand der ES-Zellen in Kultur sehr gezielt verändert werden kann.

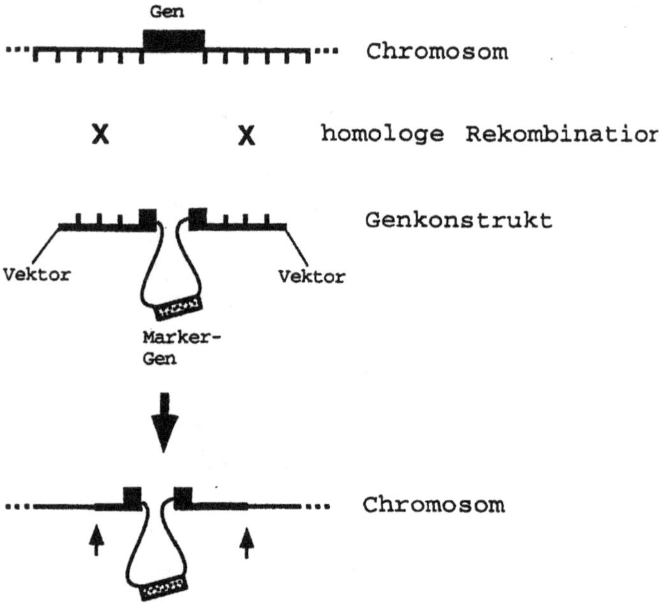

Abb. 6: Ausschalten eines bekannten Gens durch „Gene Targeting".
(nach T. Hankeln und E. R. Schmidt)

Die gezielte Manipulation von Genen durch „Gene Targeting" ist mittlerweile soweit verfeinert worden, daß man sogar in vivo Gene ganz spezifisch in nur einem bestimmten Zelltyp und zu einem ganz bestimmten Zeitpunkt während der Entwicklung ausschalten kann (Kuhn et al., 1995; Laskko et al., 1996). Dabei bedient man sich des sog. Cre/loxP-Rekombinationssystems aus dem Bakteriophagen P1. Dies beruht darauf, daß ein Rekombinationsprotein (Cre) bestimmte, 34 Basenpaare lange DNA-Abschnitte (loxP-Stellen) spezifisch erkennt und zwischen zwei solchen loxP-Stellen eine Rekombination der DNA-Helix vermittelt. Sind die zwei loxP-Stellen auf einem DNA-Molekül in einigem Abstand voneinander angeordnet und zudem gleichsinnig orientiert, so wird bei dem Rekombinationsergebnis der DNA-Abschnitt zwischen den loxP-Stellen spezifisch entfernt. Man generiert nun zunächst durch ES-Zell-Technik und „Gene Targeting" einen transgenen Mausstamm, in dem ein bestimmtes auszuschaltendes Gen von loxP-Stellen flankiert wird. Parallel wird eine transgene Maus erzeugt, die ein Cre-Transgen unter der Kontrolle eines zelltypspezifischen Promotors trägt. Kreuzt man die beiden Stämme miteinander, so wird in dem resultierenden, doppelt-transgenen Tier der Cre-Genschalter zu einem bestimmten Zeitpunkt in einem bestimmten Gewebe aktiv, die Cre-Rekombinase wird gebildet und exzisiert spezifisch das zwischen den loxP-Stellen liegende Zielgen. Selbst mehrere hunderttausend Basenpaare lange DNA-Abschnitte lassen sich so in vivo und sogar spezifisch in bestimmten Zellen aus dem Chromosom heraustrennen. Die Konsequenzen dieses Genverlusts-sichtbar an einem veränderten Phänotyp des Tieres - lassen direkt auf die Funktion des analysierten Gens schließen.

ES-Zell-Technik und „Gene Targeting" sind bislang nur in der Maus anwendbar. Nur im Maussystem konnte eine Keimbahn-Weitergabe der genetischen Veränderungen erzielt werden. Es wird jedoch erwartet, daß in naher Zukunft diese Möglichkeit der zielgerichteten Manipulation eines Genoms auch in andere Säugetieren zur Verfügung stehen wird (Mullins und Mullins, 1996).

Chimäre Schweine, Schafe und Rinder – produziert durch die Injektion frisch isolierter, unveränderter embryonaler Zellen in Blastozysten – können bereits jetzt erzeugt werden. Als eine einfache anzuwendende Alternative zur Vorkern-Mikroinjektion und ES-Zell-Technik könnte sich die Verwendung von

Adenoviren als Gen-Vektoren herausstellen. Tsukui et al. (1996) gelang es, transgene Mäuse durch Inkubation *Zona pellucida*-freier, frisch befruchteter Eier mit Rekombinanten, selbst nicht vermehrungsfähigen Adenoviren herzustellen. Es gelang, Einzelkopien des Transgens zu integrieren und diese über die Keimbahn an die Nachkommenschaft zu vererben. Retrovieren als Vektoren bei der Transgenese werden auch bei der Erzeugung von transgener Tiere eingesetzt. Man kann Retrovieren so modifizieren, daß prinzipiell jedes neue Gen in ihr Genom eingebaut werden kann; deshalb werden sie auch als Vehikel zum Einbau neuer Erbinformationen in embryonale Genome eingesetzt. Der virale Gentransfer ist sehr effizient und ermöglicht die stabile Integration einer einzelnen Transgen-Kopie. Die Integration erfolgt an beliebiger Stelle im Genom. Nachteilig ist, daß retrovirale Vektoren nur eine limitierte Aufnahmekapazität von einigen tausend Basenpaaren besitzen. Zudem werfen manche Vektoren Sicherheitsprobleme auf, da beispielsweise Retroviren aus Vögeln durchaus auch menschliche Zellen infizieren können. Die Entwicklung sicherer Vektorsysteme mit engem Wirtsspektrum steht daher im Vordergrund.

Eine besonders effiziente Form des Gentransfers in Keimzellen wurde für *Drosophila melanogaster* entwickelt (Sprading und Rubin, 1982). Fremd-DNA wird dabei in den posterioren Pol von Embryonen injiziert. Die dort befindlichen Zellkerne nehmen die DNA auf. Da sie zu den Keimzellen der entstehenden Fliege werde, ist eine Vererbung des Transgens sehr wahrscheinlich. Besonders erfolgreich wird diese Methode aber erst dadurch, daß spezielle Vektoren für eine höchst effiziente Integration der Fremd-DNA in die *Drosophilla*-Chromosomen sorgen. Dabei handelt es sich um mobile genetische Elemente (sog. Transposons). Solche Transposons (z. B. das häufig verwendete P-Element) können natürlicherweise an beliebige Orte im Genom integrieren. Die zu transferierenden Genkonstrukte werden zwischen die Endstrukturen solcher Transposons kloniert. Von diesen eingerahmt „springen“ die Fremd-Gene in die *Drosophila*-DNA. Erforderlich ist für das hineinspringen in das Genom die Anwesenheit eines speziellen Proteins, der Transpoase. Das Gen für dieses Enzym wird bei der Injektion der Fremd-DNA in den Embryo co-injiziert und auf diese Weise mitgeliefert. Die überführten Transposon/Genkonstrukte integrieren als Einzelkopien und bleiben stabil an ihrem Ort, da die Transposase nur kurzzeitig (für die Integration) zur Verfügung steht. Hinzu kommt, daß die Transpoase spezifisch in den Keimzellen für die Integration des Vektor-Transgen-Konstrukts sorgt; dieser Effekt ist natürlich sehr willkommen, um erblich stabile transgene Tierstämme zu erzeugen. Da die Integration nur in den Keimzellen erfolgt, ist in den aus den injizierten Embryonen hervorgehenden Fliegen kein veränderter Phänotyp zu sehen, sondern erst in deren Nachkommen. Verfeinerungen des Systems haben dazu geführt, daß in *Drosophila* nicht nur einfach hinzugefügte Fremd-Gene effizient exprimiert werden können, sondern daß auch ein Arsenal weiterer Methoden zur gezielten Genveränderung bereitsteht (ortsspezifische Rekombinationssysteme, Transposon-vermittelte Genzerstörung, „Trapping“ von Gen-Kontrollelementen) (Sentry und Kaiser, 1995).

Eine Übersicht über die verschiedenen Verfahrensweisen zur Herstellung transgener Mäuse:

1. Die Methoden der DNA-Injektion in den Vorkern einer befruchteten Eizelle.
2. Ein Verfahren das auf dem Einführen der DNA-Form eines Retrovirus beruht, wobei Embryonen in verschiedenen Stadien infiziert werden. Bei einer Infektion in der Zeit von Vierzellenstadium bis einschließlich der Blastocyste entstehen häufig Tiere mit einer in der Keimbahn integrierten DNA.
3. Diese Technik bedient sich der Transfektion oder Retrovirusinfektion embryonaler Stammzellen. Werden solche Zellen in eine Blastocyste injiziert, so können sie sich an der Bildung aller Gewebetypen beteiligen, einschließlich jener der Keinbahn. Die letztgennante Technik und bisweilen auch die erste führen zu sogenannten Mosaiktieren, bei denen die eingeschleuste DNA nicht in allen Zellen der erwachsenen Maus vorkommt.

4.1.5 Transgene Tiere in der Produktion menschlicher Proteine

Eine schon in naher Zukunft realisierbare kommerzielle Anwendung der Transgen-Technik wird darin gesehen, pharmazeutisch wichtige Proteine mit Hilfe von transgenen Tieren zu produzieren. Beim „Gene Pharming" sollen milcherzeugende Tiere durch Gentransfer zur Expression zusätzlicher Proteine in ihrer Milch veranlaßt werden. Bereits 1987 gelang es Simons et al. transgene Mäuse herzustellen, die das Milchprotein β-Laktoglobulin des Schafs mit der Milch sekretieren. Seitdem sind nicht nur in Laborversuchstieren, sondern auch in Schafen, Ziegen, Schweinen und Rindern mehr als 50 verschiedene rekombinierte Proteine nach diesem Verfahren hergestellt worden (Houdebine, 1995). Einen kleinen Ausschnitt zeigt Tab. 8. Keines der so erzeugten Pharmazeutika hat bislang den Markt erreicht, da offensichtlich noch einige verfahrenstechnische Probleme zu überwinden sind.

Bestimmte Proteine mit komplizierten Faltungsmustern und aufwendigen post-translationalen Modifikationen sind nur schwer (oder gar nicht) in größeren Mengen in Bakterien oder eukaryotischen Zellkulturen herzustellen (Colman, 1996). Müssen die betreffenden Proteine gar aus humanem Blutplasma gewonnen werden (z. B. Blutgerinnungsfaktoren), so besteht die Gefahr einer Verseuchung des Präparats mit humanen Viren (z. B. HIV). Bei solchen biomedizinisch wichtigen Proteinen bietet sich aus Gründen der Produktivität und Produktsicherheit eine Herstellung z. B. in Kühen an: Eine Kuh kann mehr als 10.000 l Milch pro Jahr geben und damit – je nach Stärke der Transgenexpression (sehr variabel) – einige 100kg eines Fremd-Proteins liefern.

Eine weitere Anwendung dieser Technologie besteht darin, die Zusammensetzung der Kuhmilch selbst so zu verändern, daß die daraus erzeugten Lebensmittel verbessert werden (Clakr, 1996; Maga und Murray, 1995). Milchprodukte tragen in westlichen Ländern immerhin mit 30% zur täglichen Proteinaufnahme bei. Das

Protein β-Laktoglobulin beispielsweise ist für viele Kuhmilch-Allergien des Menschen verantwortlich.

Tab. 8: Produktion menschlicher Proteine in der Milch transgener Tiere

Transgenes Tier	menschliches Protein
Maus	Serumalbumin Laktoferrin γ-Interferon Wachstumshormon (GH) IGF 1 Protein C Superoxiddismutase α-1-Antitrypsin Urokinase Lysozym CD4-Rezeptor
Kaninchen	Gewebe-Plasminogenaktivator (tPA) Interleukin 2 IGF 1 Erythropoietin
Ziege	tPA
Schaf	α-1-Antitrypsin Faktor IX
Schwein	Protein C
Rind	Laktoferrin

Ein gezieltes Ausschalten des Gens durch „Gene Targeting“ (derzeit nur in der Maus möglich) würde dieses Allergieproblem lösen. Verbunden wäre mit einem solchen „Knockout“ jedoch eine Verarmung der Milch an wertvollem Cystein, das im wesentlichen im β-Laktoglobulin vorkommt. α-Laktoalbumin, ein anderes Milchprotein, ist für die Synthese von großen Mengen Milchzucker (Laktose) verantwortlich. Laktose jedoch führt bei vielen Menschen zu Verdauungsproblemen, so daß diese Personen Milchprodukte meiden müssen. Die einfache Lösung („Knockout“ des Laktoalbumin-Gens) wird jedoch vermutlich keine praktikable Alternative darstellen, da das komplette Ausschalten des Genes zumindest in der Maus zu schweren Störungen der Milchsekretion führt (Clark, 1996; Colman, 1996).

Will man das vielversprechende Potential transgener Nutztiere als Bioreaktoren in Zukunft sinnvoll industriell ausschöpfen, sind jedoch eine Reihe von Aspekten zu beachten:

- Transgene Tiere unterliegen vielfachen strengen behördlichen Regelungen und sind in der Öffentlichkeit bislang wenig akzeptiert. Häufig ist auch die Expression von Genen in Zellkulturen zur Produktion pharmakologische wichtiger Proteine gut geeignet.
- Der erhebliche zeitliche und finanzielle Aufwand zur Herstellung transgener Tiere muß Berücksichtigung finden. Zwischen der Mikroinjektion und der ersten Milch vergehen bei einer Kuh mehr als 2 Jahre, etwa 5-6 Jahre dauert das Heranzüchten transgener Herden. Schweine, Ziegen und Schafe liefern nur etwa 250-500 l Milch pro Jahr, sind dagegen in ca. der Hälfte der Zeit zu generieren. Kaninchen (etwa 50 l Milch/Jahr) sind dann eine Alternative, wenn nicht mehr als 1kg des rekombinanten Proteins benötigt wird.
- Pilotstudien mit neuen Transgenkonstrukten werden üblicherweise in der Maus durchgeführt. Das Mausmodell hat sich jedoch in einigen Fällen als nicht übertragbar erwiesen (Carver et al., 1993) und erfordert daher Vorsicht bei der Extrapolation von Expressionsmengen.
- Die spezifische Expression von Transgenen in den Mammadrüsen verschiedener Spezies ist durch eine Reihe von Genpromotoren möglich, die weitgehend artübergreifend funktionieren (Rosen et al., 1996; Maga und Murray, 1995). Aufgrund der Zufälligkeit des chromosomalen Integrationsortes und der Anzahl integrierter Transgen-Kopien sind die Ausbeuten bei der Expression in verschiedenen Tierlinien jedoch sehr variabel. Es muß daher versucht werden, durch Einbeziehung übergeordneter Kontrollelemente (locus control regions, LCRs) das Transgen unabhängig von solchen Positionseffekten des Integrationsortes zu machen. Eine weitere

Verbesserung der Expressionsspezifität eines Transgenes wird erst dann möglich sein, wenn es gelingt, das Transgen durch „Gene Targeting" anstelle eines anderen Milchprotein-Gens in das Genom einzubauen.

- Die Gesundheit der transgenen Tiere muß gewährleistet sein. Menschliches Wachstumshormon, in der Mammadrüse von Mäusen produziert, wird von der Milch spontan in den Blutkreislauf abgegeben und erzeugt Nebenwirkungen, wie z. B. Unfruchtbarkeit (Houdebine, 1995).
- Eine effiziente biochemische Aufreinigung rekombinanter Proteine aus Milch ist – entgegen früherer Bedenken – nun offenbar möglich (Colman, 1996). Problematisch ist nach wie vor das mögliche Vorhandensein humanpathogener Substanzen in den aufgereinigten Proteinen. Prion-Proteine, die Auslöser neurogenerativer Erkrankungen beim Schaf (Scarpie) und Rind (BSE), können ein erhebliches Problem darstellen, falls sich herausstellen sollte, daß sie in befallenen Tierbeständen über die Milch weitergegeben werden.
- Die korrekte biochemische Struktur von Proteinen aus der Milch transgener Tiere muß im Einzelfall verifiziert werden: Menschliches α1-Antitrypsin aus Schafmilch und menschliches Antithrombin III aus der Ziege sind offenbar nicht „ordnungsmäßig" glykosyliert (Houdebine, 1995). Vermutlich haben Säugerspezies in ihren Mammadrüsen eine unterschiedliche Ausstattung an proteinmodifizierten Enzymen.

Die Verwendung transgener Tiere zur Produktion bestimmter Naturstoffe umfaßt schließlich auch Anwendungen mit einem weniger hohen Risikopotential. Damak et al. (1996) gelang es durch Überexpression des Wachstumsfaktors IGF I in Haarfolikeln transgener Schafe eine um 6% höhere Wollproduktion zu erzielen. Zudem ist dies die erste „Verbesserung" eines Nutztieres, die ohne Beeinträchtigung der Gesundheit und Fertilität der Tiere erzielt wurde.

4.1.6 Einsatz transgener Tiere als Organspender

Es gilt heute bereits als möglich, daß gentechnisch veränderte Tiere als Organspender für verschiedenste Organe im Falle von lebensnotwendigen Organtransplatationen herangezogen werden könnten. Bisher ist dies allerdings noch Zukunftsmusik und Fachleute rechnen nicht damit, daß in den nächsten drei Jahren tierische Organe in der humanen Transplantationsmedizin bereits eingesetzt werden können. In den letzten vier bis fünf Jahren hat es aufregende Fortschritte in diesem in der Zukunft sicherlich sehr wichtigen Anwendungsgebiet für transgene Tiere gegeben.

Schon 1992 ist es gelungen, transgene Schweine zu erzeugen, die menschliches Hämoglobin produzieren. Dieses „menschliche" Schweinsblut soll als Ausgangsmaterial für die Herstellung von Blutersatzstoffen dienen, die bei Notfällen anstelle von nicht verfügbaren Blutkonserven eingesetzt werden sollen. Obwohl schon 1993 mit klinischen Studien begonnen worden sein soll, ist bisher allerdings kein solches Produkt zur Markteinführung gelangt. Für den Einsatz transgener Tiere in der Transplantationsmedizin sind verschiedene Optionen denkbar. Die offensichtliche Option ist natürlich die, bei der die tierischen Organe als in vivo Transplantate anstelle von nicht verfügbaren menschlichen Organen in den Körper des Patienten eingesetzt werden (Xenotransplantation; White und Calne, 1996; Kempe, 1996). Hierbei muß gewährleistet sein, daß sowohl die sofortige (hyperakute) als auch die erste nach einiger Zeit einsetzende verzögerte Abstoßungsreaktion unterbleibt. Für die hyperakute Abstoßungsreaktion von Xenotransplantation vorhandene Antikörper verantwortlich, die eine Aktivierung des Komplementsystems auslösen. Es kommt sehr schnell – manchmal innerhalb von Minuten – zu einem Verschluß der Blutgefäße des transplantierten, artfremden Organs und damit zu einem Versagen und zur Zerstörung des Organs. Die Komplement-Reaktion wird durch Komplement-regulierende Proteine (CRP) normalerweise im Zaume gehalten. Leider funktionieren diese Proteine nur weitgehend artspezifisch, d. h. menschliche CRPs wirken nur auf das menschliche Komplementsystem inhibierend, Schweine- CRPs entsprechend nur bei Schweinen. Wenn also ein Organ aus dem Schwein durch Transplantation dem menschlichen Komplementsystem ausgesetzt wird, dann sind Schweine-CRPs unwirksam und es kommt zur sofortigen Abstoßungsreaktion wie ich oben geschildert habe. Wenn nun die Schweinezellen, vor allem die Endothelzellen an den Innenwänden der Blutgefäße, die menschlichen CRPs produzieren können, könnte damit die sofortige Aktivierung des menschlichen Komplementsystems eben durch diese menschlichen Proteine verhindert oder zumindestens verringert werden. Zwei der menschlichen CRPs sind molekular charakterisiert und in Schweine überführt worden (Diamond et al., 1995, 1996). Der eine ist der „human decay-accelerating factor“ (hDAF) (Rosengard et al., 1995), der zweite ist der „membrane-associated complement inhibitor“ CD59 (Kroshus et al., 1996). Beide Humanproteine zeigen, wenn sie von Schweine-Endothelzellen einzeln oder in Kombination exprimiert werden, eine deutliche Reduktion der hyperakuten Abstoßreaktion. Die Expression des hDAF führte dazu, daß die transgenen Schweineherzen nach Transplantationen in Affen nicht mehr sofort abgestoßen wurden und die Affen damit zum Teil mehr als 2 Monate überlebten. Die Ergebnisse waren so vielversprechend, daß mit den klinischer Studien schon 1996/97 begonnen wurde (Dickson, 1995). Man kann zwar nicht davon ausgehen, daß in kurzer Zeit schon die ersten Patienten mit Schweineherzen die Kliniken füllen. Es besteht aber eine realistische Chance, in wenigen Jahren mit Schweineorganen Menschen das Leben zu retten, und sei es auch nur zur Überbrückung bis ein ideales menschliches Spendeorgan zur Verfügung steht.

Die zweite Option, tierische Organe in der Transplantationsmedizin erfolgreich und lebensrettend einzusetzen, ist die extrakorporale Perfusionstechnik. Dabei werden die Ersatzorgane nicht dauerhaft in dem Körper eines Patienten implantiert, sondern nur für eine begrenzte Zeit an den Blutkreislauf eines Menschen angeschlossen, um eine lebensbedrohliche Situation zu überbrücken,

z. B. bis zu einem Zeitpunkt, an dem ein geeignetes Spenderorgan zur Verfügung steht. Hierfür ist es vor allem notwendig, die hyperakute Abstoßungsreaktion in den Griff zu bekommen. Die erst sehr viel später einsetzende verzögerte Abstoßungsreaktion spielt dagegen keine Rolle. Hier gibt es schon eindeutige Erfolge mit transgenen Schweinen, die wiederum das menschliche hDAF-Gen enthalten. Transgene Schweinelebern, die in einem Testsystem von menschlichen Blut durchströmt wurde, zeigen eine deutlich bessere Organfunktion und längere Überlebensraten als normale Schweinslebern (Pohlein et al., 1996).
Die dritte Option, die vielleicht noch in ferner Zukunft liegt, ist die Rekonstruktion von Organen, Organteilen oder bestimmter Zellpopulationen innerhalb von Organen mit Hilfe von isolierten, xenogenen (speziesfremden) Zellen. Es ist schon seit langem bekannt, daß bestimmte Zellen (Stammzellen) ganze zerstörte Organe wieder aufbauen können. Das wird z. B. bei der sogenannten autologen Knochenmarkstransplantation zur Behandlung von bösartigem Blutkrebs ausgenutzt. Dabei gelingt es, mit relativ wenigen gesunden Knochenmarksstammzellen eines Patienten das gesamte blutbildende Organ wiederherzustellen, wenn dieses im Verlauf der Tumortherapie (Chemo- oder Radiotherapie) zerstört worden ist. Auch die Wiederherstellung der Funktionsfähigkeit der Leber durch die Zufuhr von Leberzellen funktioniert im Tiermodell. Vor einiger Zeit gelang Rhiem et al. (1995), die vollständige Funktionsfähigkeit der zerstörten Leber einer transgenen Maus wiederherzustellen, indem der Maus Leberzellen einer Ratte zugeführt wurden. Auch hier werden transgene Tiere sowohl bei der Entwicklung eines klinisch anwendbaren Verfahrens wie auch bei der Unterdrückung der Abstoßungsreaktion eine wichtige Rolle spielen.

4.1.7 Sicherheitsaspekte bei transgenen Tieren

Freisetzung: Im Gegensatz zu der Situation bei transgenen Pflanzen gibt es noch keine umfangreichen Freisetzungen von gentechnisch modifizierten Tieren. Dies schließt aber selbstverständlich nicht aus, daß in Zukunft in großem Maßstab auch transgene Tiere in die Umwelt entlassen werden. Sicherlich wird es bei großen landwirtschaftlichen Nutztieren, die eventuell im Freiland gehalten werden, nicht das Problem einer unkontrollierten Ausbreitung oder einer dramatischen Veränderung des ökologischen Gleichgewichts geben. Es ist jedoch auch daran zu denken, daß kleine, schwer oder gar nicht zu kontrollierende Arthropoden in großen Mengen irgendwann freigesetzt werden, bei denen die Frage nach den ökologischen Konsequenzen solchen Tuns keineswegs unsinnig ist. In Florida/USA sind bereits in diesem Jahr transgene Milben in einem begrenzten Areal freigesetzt worden, um die Voraussetzungen zu studieren, unter denen eine umfassendere Freisetzung möglich ist. Es ist auch in Betracht zu ziehen, daß transgene Tiere aus den Labors oder Zuchtbetrieben entkommen und sich in freier Natur etablieren. Es gibt Beispiele genug dafür, wie nicht-heimische Tiere ungewollt in Ökosysteme eingeschleppt worden sind und in diesen erheblichen ökologischen und ökonomischen Schaden angerichtet haben (z. B. Kartoffelkäfer, Reblaus und Waschbär in Europa, Kaninchen in Australien, Mittelmeerfruchtfliege in Kalifornien, Afrikanische Honigbiene in Südamerika) (Katzek und Wackernagel, 1992). Besondere Aufmerksamkeit verdienen unter diesem Aspekt transgene Fische und Arthropoden. Die meisten bisher erzeugten transgenen Fischarten sind in natürlichen Ökosystemen überlebens- und vermehrungsfähig. Es ist demnach davon auszugehen, daß sich transgene Fische in Wildpopulationen etablieren können (Bruggemann, 1993). Da es sich bei manchen der erzeugten transgenen Fischarten um typische Räuber handelt, sind die ökologischen Folgen einer Freisetzung z. B. von schnell wachsenden oder kälteresistenten Lachsen derzeit nicht vorhersehbar. Ein ökologisches Risiko ist hierbei keinesfalls auszuschließen. Das gleiche gilt im Prinzip für gentechnisch modifizierte Insekten oder anderen Arthropoden. So gibt es Bestrebungen, bestimmte Nützlinge (z. B. Schädlingsparasiten oder auch Bienen) mir Resistenzgenen auszustatten, die eine Toleranz gegen häufig verwendete Insektizide oder Pestizide verleihen. Dies könnte die unerwünschte „Non-target"-Effekte von chemischer Schädlingsbekämpfung verringern helfen. Massenfreisetzungen transgener Tiere wären hierzu jedoch erforderlich. Bei der Freisetzung von in freier Natur überlebens- und vermehrungsfähigen Tieren muß aller Erfahrung nach damit gerechnet werden, daß sich diese Tiere global in alle geeigneten Lebensräume ausbreiten. Es gibt praktisch keinen Weg, diese Freisetzungen rückgängig zu machen. Aus diesen Gründen ist es unbedingt notwendig, jedmögliches denkbare Risiko intensiv zu erforschen, bevor in großem Maßstab Freisetzungen solcher Tierarten erfolgen. Vor allem bei Genen, die einen vermutlichen Selektionsvorteil verleihen, muß vor einer Entlassung der Tiere in die Natur erforscht werden, welche ökologischen Konsequenzen solche freigesetzten Tiere haben könnten. Leider gibt es bisher nur sehr wenige Studien, die sich experimentell mit dieser Fragestellung befassen (Hoy, 1993 und 1995). Hier sind deshalb sicherlich noch sehr viele grundlegende Untersuchungen notwendig, bevor an Freisetzungen dieser Art gedacht werden kann.

Horizontaler Gentransfer: Im Zusammenhang mit Freisetzungsexperimenten, aber auch bei kontrollierter Laborhaltung von transgenen Tieren und anderen genetisch modifizierten Organismen spielt in der Sicherheitsdebatte fast immer die Frage nach dem horizontalen Gentransfer eine große Rolle. Unter horizontalem Gentransfer ist zu verstehen, daß Gene von einem Organismus auf einen anderen übergehen, ohne daß dazu eine genetische Kreuzung notwendig wäre. Bei bestimmten Mikroorganismen ist dieser Vorgang lange bekannt und gut untersucht. Manche Mikroorganismen können DNA direkt aus ihrer Umwelt aufnehmen (Transformation) oder Vektoren (oft Viren) können DNA von einem Organismus auf einen anderen übertragen (Transduktion). Bei Eukaryonten sind die Beispiele für erfolgreichen horizontalen Gentransfer äußerst rar (Schmidt und Hankeln, 1996). Allerdings sind gerade die Beispiele, bei denen ein horizontaler Gentransfer vermutet wird, besonders relevant für die Sicherheitsdiskussion. Mehrere Untersuchungen haben gezeigt, daß transponierbare genetische Elemente (Transposons) wahrscheinlich durch horizontalen Gentransfer von einer Spezies in eine andere gelangt sind. So sind z. B. die P-Elemente erst vor ca. 50 Jahren in das Genom der Spezies *Drosophila melanogaster* eingedrungen (Kidwell,1993). Es ist sehr gut möglich, daß die DNA-Übertragung durch die parasitische Milbe *Proctolaelaps regalis* verursacht worden ist (Houck et al., 1991). Diese Milbenart ernährt sich von *Drosophila*- Eiern/Embryonen verschiedener Spezies. Es könnte bei einem nacheinander erfolgten Anstechen von Eiern der Art *Drosophila willistoni* und anschließend der Art *D. melanogaster* zu einer „Infektion" von *D. melanogaster* mit *D. willistoni* -P- Elementen gekommen sein (Houck et al., 1991). Ein ähnlicher Fall wird für die Übertragung der mariner-Elemente angenommen, einer im Tierreich sehr weitverbreitete Transposon-Familie (Maruyama und Hartl, 1991). Sowohl mariner- als auch P-Elemente werden sehr häufig als Vektoren bei der Herstellung transgener Arthropoden eingesetzt, natürlich gerade weil sie die Eigenschaften haben, die für die Integration der DNA in Chromosomen erforderlich sind. Wenn es richtig ist, daß solche Elemente die horizontale Übertragung von Genen zwischen verschiedenen Spezies vermitteln, muß mit transgenen Tieren, die Transposonsequenzen (besonders aber aktive Transposons) enthalten, sehr vorsichtig umgegangen werden. Natürlich ist bei der Bewertung eines Risikos durch horizontalen Gentransfer auch zu berücksichtigen, um welche Gene es sich im Einzelfall handelt. Als „gefährliche" Gene gelten allen voran Resistenzgene, die Schutz vor Insektiziden/Pestiziden verleihen. Es ist offensichtlich, daß es höchst unangenehme Folgen hätte, wenn ein Resistenzgen gegen ein in großem Umfang eingesetztes Insektizid sich in der Population eines Schadinsektes oder eines Krankheitsüberträgers ausbreitete. Hier muß also jeweils am Einzelfall sorgfältig überlegt und abgewogen werden, ob der Nutzen transgener Tiere das potentielle Risiko wirklich deutlich übersteigt. Es ist zur Zeit nicht vorherzusagen, wohin sich die tierische Transgen-Technik im landwirtschaftlich-ökologischen Bereich entwickeln wird. Es ist aber anzunehmen, daß in diesem Bereich auch die größten Sicherheitsbedenken und damit verbunden die geringste öffentliche Akzeptanz zu finden sein werden.

Stabilität und Expression der Transgene: Ein weiteres Sicherheitsproblem, das generell bei transgenen Organismen eine rolle spielt, ist die Stabilität der transgenen DNA sowie die Verläßlichkeit der Expression der Transgene. Manche DNA-Abschnitte, wie z. B. tandemrepetitive Sequenzen verhalten sich in transgenen Genomen extrem instabil (Hankeln et al., 1996). Innerhalb weniger Zellgenerationen können lange Abschnitte transgener, tandemrepetitiver DNA völlig aus dem Genom eines transgenen Tiers eliminiert werden. Ähnlich Probleme können bezüglich der Kontinuität der Expression eines Transgens auftreten. Positionseffekte können die Expressionsrate stark beeinflussen oder die vollständige Abschaltung eines Transgens bewirken (Dorer und Henikoff, 1994). Häufig kommt es aus bisher nicht geklärten Gründen zu eine de novo Methylierung von transgener oder neu integrierter DNA (Doerfler, 1992), die zu einer Inaktivierung von Transgenen führt. Der Verlust eines Transgens oder seine Inaktivierung ist dann ein Problem, wenn die Funktionsfähigkeit des Transgens die Sicherheit eines transgenen Tiers oder die Eigenschaft des aus dem transgenen Organismus gewonnenen Produkts beeinträchtigt. Ein hypothetisches Beispiel für ein Sicherheitsrisiko durch Inaktivierung eines Transgens wäre ein transgener nicht-permissiver *Anopheles* -Stamm, der, zur Bekämpfung der Malaria in Massen freigesetzt, plötzlich seine Überträgereigenschaften wiedererlangte.

Produktsicherheit: Viele der transgenen Tiere werden in Zukunft in der Nahrungs- und Arzneimittelproduktion eingesetzt werden. Dabei muß sichergestellt sein, daß das erzeugte Produkt für den Menschen unschädlich ist. Das transgene Tier ist zwar ein wesentlicher Faktor im Produktionsprozess, für die Sicherheit des Produkts sind aber eine ganze Reihe weiterer Faktoren mitbestimmend, die alle entsprechend zu kontrollieren sind. Für zulassungspflichtige Produkte, wie z. B. Arzneimittel ist die Zusammenarbeit von Gentechnologen, Pharmakologen, Toxiologen und Medizinern erforderlich. Bei Nahrungsmitteln aus transgenen Tieren sind neben den Gentechnologen die Züchter, die Landwirte, Veterinäre und auch Lebensmittelchemiker für die Sicherheit des Produkts mitverantwortlich. Nur wenn die Produkt- und Verfahrenssicherheit mindestens den gleichen Standards unterliegt wie bei entsprechenden konventionellen Produkten, kann die notwendige öffentliche Akzeptanz für diese in ihren langfristigen Auswirkungen noch nicht abzuschätzende Technologie erwartet werden.

Die größte Zukunftschancen für transgene Tiere sind mittelfristig wahrscheinlich in der medizinischen Anwendung zu sehen, und zwar sowohl als Modellsysteme für Krankheiten als auch als Bioreaktoren. Langfristig jedoch könnte der Einsatz transgener Tiere in der Nahrungsmittelproduktion in der Folge einer zunehmenden Nahrungsmittelverknappung und Überfischung der Meere eine wesentlich größere Rolle spielen.

4.2 Perspektiven der Gentechnik in der Pflanzenzüchtung

4.2.1 Konventionelle Pflanzenzüchtung

Historisch betrachtet schloß der erste Schritt bei der Erarbeitung agrikultureller Systeme die Entwicklung von Methoden zur Ernte, Säuberung und Nutzung wilder Samen mit ein, gefolgt von einer Phase bewußter Domestikation von Kulturpflanzen (Kislev,1984). Domestikation war ein herausragender Beitrag der Pflanzenzüchtung und beruhte auf unbewußter und auch direkter Selektion durch den Menschen (Donald und Hamblin, 1983). Das Erscheinungsbild der Domestikation betraf Merkmale, die mehrere und verschiedenen Kulturarten gemein sind: Verlust von Mechanismen zur Samenstreuung; Verlust der Samenruhe; rasche Samenkeimung; Erwerb von vegetativer Vermehrbarkeit oder Apomixis; Selbstbefruchtung; Einjährigkeit; Erhöhung der Samen- oder Organgröße; Verlust von Merkmalen, die effiziente Aussaat behindern; Verlust giftiger oder bitterer Inhaltsstoffe in Organen, die als Nahrungsmittel genutzt werden (Harlan et al., 1973; de Wet, 1975; Baker, 1971; Holden et al., 1993; Heiser, 1988). Die einfache genetische Grundlage mehrerer dieser Merkmale gestattete die rasche Fixierung erwünschter Allele in den kultivierten Genotypen.

Sanchez-Monge (1993) definierte Pflanzenzüchtung als „eine vom Menschen vorgenommene Auswahl der besten, als potentielle Sorten in Frage kommenden Pflanzen innerhalb einer variablen Population“. Diese Definition deutet den Menschen im Neolithikum als einen, wenn nicht gar den erfolgreichsten Pflanzenzüchter. Die Induktion des Domestikations-Syndroms – das nur wenige Dekaden gedauert hat, hat unsere Kulturpflanzen in der tat phänotypisch in einem Maße geformt, daß die ältersten Sorten jenen Pflanzen sehr ähneln, die wir heute anbauen. Anderseits entstanden die Kulturpflanzen zusammen mit den menschlichen Gesellschaften : Wenn die Menschen neue Gebiete der Welt besiedelten, dann wanderten auch ihre Kulturpflanzen mit. Während des Prozesses der Anpassung an neue Umgebungen entwickeln sich die

Kulturpflanzenarten zu einer großen Zahl lokaler Varietäten oder Landrassen (Holden et al., 1993). Daraus resultiert, daß die menschliche Selektion auf Ertrag und Anpassung in einer kurzen Evolutionsphase von weniger als 10.000 Jahre einen Grad genetischer Vielfalt erreicht hat, der größer ist als der in den Gemeinschaften der wilden Vorläufer in der Natur (Blumler, 1992). Diese Ausdehnung der genetischen Variabilität der Kulturpflanzen endete nahezu abrupt mit dem Beginn der modernen Pflanzenzüchtung.

Noch vor dem Auftreten der Genetik war die Notwendigkeit für präzisere Kriterien zur Messung der gelenkten Verbesserung landwirtschaftlicher Pflanzen offensichtlich. Im 18. Jahrhundert war de Vilmoren der erste, der Nachkommenschaftstestungen bei der Entwicklung neuer Sorten einsetzte (Sanchez-Monge, 1993). Nachdem Kohlreuter im Jahre 1761 publizierte, daß Hybridisierung nützliche Genotypen schaffe, wurden sowohl in Deutschland als auch in England Sorten selektiert, die aus spaltenden Populationen nach Handkreuzung stammten (Holden et al., 1993).

Mit der Wiederentdeckung der Mendelschen Regeln im Jahre 1900 fand ein radikaler Wechsel der Zuchtmethoden statt. Die Genetik steuerte neue Begriffe bei, wie z. B.: das Gen, die Rolle der Chromosomen als Genträger, genetische Kopplung, experimentelle Mutagenese. Diese wissenschaftlichen Entdeckungen veränderten die Züchtungstheorie schnell bis zu dem Punkt, da Pflanzenzüchtung synonym mit den Begriff „Angewandte Genetik“ wurde. Weiters will ich erwähnen, daß die Wissenschaft der Pflanzenzüchtung wesentliche Beiträge aus der Zytologie, Systematik, Physiologie, Pathologie, Entomologie, Chemie und seit kurzem von der Molekularbiologie erhielt und noch bezieht.

In der westlichen Welt wurde ein beeindruckender Fortschritt bei der Mechanisierung des Kulturpflanzenbaus durch die Züchtung von verbesserten Sorten, Krankheitsresistenz, simultaner Abreife und Stabilität von Pflanzenteilen bei mechanischer Ernte möglich.

Pflanzenzüchtung vom Feld ins Labor

In den 50er Jahren wurde es offensichtlich, daß reproduzierbare und auf wissenschaftlicher Grundlage basierende Züchtungsverfahren benötigt wurde. Besonders bestand der Wunsch nach Methoden zur Produktion großer Populationen von Pflanzenzellen in vitro, um eine effiziente Selektion spezieller Genotypen zu ermöglichen. In vitro Selektion als solche hatte keine große Bedeutung in der Pflanzenzüchtung (Wenzel und Foroughi-Wehr, 1993), sollte aber als in vitro Verfahren ein wichtiger Bestandteil des Züchtungsgangs werden. Mikrovermehrung und somatische Embryogenese in vitro haben weitgehend zur Verbesserung vegetativ vermehrter Arten beigetragen (Bornmann, 1993). Seit Mitte der 80er Jahre wuchs das Interesse an somatischer Embryogenese (Ammmirato, 1983; Fuji et al., 1997), deren vorrangiges Ziel die Produktion somatischer Embryonen in vitro und ihre Umwandlung in künstliche Samen ist. Gray (1990) zufolge könnte die Vermehrung geeigneter Individuen über künstliche Samen die Züchtung und Produktion vegetativ vermehrter Arten revolutionieren.

Vielversprechender für die Pflanzenzüchtung war die erfolgreiche Aufzucht haploider Pflanzen aus in vitro Kulturen junger Antheren (Guha und Maheshwari, 1966). Der Hauptvorteil von Haploiden in der Züchtung ist die Erzeugung von homozygoten Nachkommenschaften (DH-Linien=doppelt-haploid). Diese erweist sich für die phänotypische Selektion qualitativ und quantitativ vererbter Merkmale als schnell und effizient. Die gebräuchlichste Methode zur Herstellung von DH-Linien ist Mikrosporenandrogenese (Foroughi-Wehr und Wenzel, 1993), die besonders in der Züchtung von Nutzpflanzen der *Graminea* und *Brassicaceae* wie Gerste, Weizen, Reis, Raps oder auch von Kartoffel eingesetzt wird.

Somatische Hybridisierung ist vielleicht der bedeutendste Beitrag der in vitro Kulturmethoden zur Pflanzenzüchtung. Dieser Ansatz zur Überwindung sexueller Barrieren zwischen Pflanzenarten beruht auf der Entfernung der Zellwand durch enzymatische Behandlung und der damit verbundenen Freisetzung von Protoplasten, auf der Fusion von Protoplasten verschiedener Arten und auf der in vitro Differenzierung der Fusionsprodukte (Pelletier, 1993). Die Bemühungen, die interspezifischen Grenzen durch Protoplastenfusion zu überwinden, sind momentan recht erfolgreich. In folgender Tabelle (Tab. 9) möchte ich einige dieser Erfolge aufzeigen. Die dargestellten somatischen Fusionen wurden sowohl zwischen Spezies derselben Gattung als auch zwischen Spezies unterschiedlicher Gattung erzeugt. Diese interspezifischen und intergenerischen Fusionen können direkt zur Erzeugung einer neuer Spezies oder aber, was wahrscheinlicher ist, zu einer Einführung von nützlichen Merkmalen ins Genom von Nutzpflanzen führen.

Tab. 9: Fälle von erfolgreich erzielten interspezifischen und intergenerischen Fusionen in den Familien *Brassicaceae* und *Solanaceae*

Familie und Art	Literaturhinweis
I. *Brassicaceae*	
Brassica oleracea + *Moricandia arvensis*	Toriyama et al., 1987
B. napus +*B. nigra*	Sjödin und Glimelius, 1989
Eruca sativa +*B. napus*	Fahlesson et al., 1988
II. *Solanaceae*	
S. tuberosum + *Lycopersicon esculentum*	Melchers et al., 1978
	Binding et al., 1982
S. tuberosum + *S. nigrum*	Foulger et al., 1986
S. tuberosum + *Nicotiana sylvestris*	Austin et al., 1985
S. tuberosum + *S. brevidens*	Hemleben und Ninnemann, 1996
S. tuberosum + *S. pinnatisectum*	Kaendler et al., 1996
S. tuberosum + *S. papita*	

4.2.2 Entstehung neuer Züchtungparadigmen

In den letzten 30 Jahren haben Genetik und Molekularbiologie neue Möglichkeiten eröffnet, die vorhandene genetische Information von lebenden Organismen zu verändern. Nach der Entdeckung der DNA-Struktur war es relativ einfach, die Struktur von Genen und deren Funktion zu analysieren. Im Gegensatz dazu bleiben die Mechanismen auf molekularer Ebene weitgehend unbekannt, nach denen sich eine einzellige Zygote zu einer vollständigen Pflanze differenziert.

Ein Gen enthält nicht nur die Information zu seiner Transkription und Translation, sondern darüber hinaus auch noch seine Expressionshöhe und Gewebespezifität steuert. Neuere Entwicklungen der Molekularbiologie liefern genaue und wirksame Züchtungsinstrumente, die auch auf einem tieferen Verständnis der pflanzlichen Zellbiologie beruhen. Dies erlaubt heutzutage die Einführung und Ausprägung von neuen, im Labor isolierten und veränderten Genen ins Pflanzengenom, besonders durch den Einsatz von auf Agrobakterien beruhenden Transformationsvektoren (Walden und Wingender, 1995). Nützliche Gene zur Verbesserung von Pflanzen können aus Bakterien, Tieren, Pflanzen und jedem anderen Organismus isoliert und in passender Weise verändert werden, bevor man sie in Nutzpflanzen einführt. So ermöglicht die Gentechnik eine Entwicklung von Lebewesen, die ohne menschliches Eingreifen nur mit geringer Wahrscheinlichkeit aus der Natur hervorgehen würden.

Transgene Kulturpflanzen tragen schon heute dazu bei, die Bandbreite der Expression agronomisch wichtiger Merkmale auszudehnen (Chapell, 1996; Brandt, 1995). Die Möglichkeiten transgene Kulturpflanzen zu erzeugen, beeinflußt in starkem Maße nicht nur Theorie und Praxis der Pflanzenzüchtung, sondern auch die Organisationen öffentlicher und privater Institutionen, die sich der Verbesserung von Kulturpflanzen annehmen. Das Gebiet entwickelt sich rasch: zwischen 1986 und 1997 wurden in der Welt 3.647 Feldversuche mit transgenen Pflanzen durchgeführt. Diese Experimente betrafen Herbizidresistenz, Insektenresistenz, Virusresistenz, Pilzresistenz, Produktqualität und andere Merkmale (James und Krattinger, 1998).

4.2.3 Prognose

Bis heute betraf das Engagement großer agrochemischer Firmen und vieler öffentlicher Institutionen in der Pflanzenbiotechnologie den Transfer einzelner Gene, um ein einzelnes agronomisches Merkmal zu verändern; die Züchtung von Herbizid-Toleranz oder Insektenresistenz ist dafür typisch. Die Zukunftsperspektiven dieses Typs molekularer Züchtung erkennt man daran, wie viele Merkmale bereits erfolgreich verändert worden sind (Tab. 10).
An gentechnische Veränderungen von Pflanzen zur Unterstützung der Pflanzenzüchtung werden heute sehr große Ansprüche gestellt (Chua,1996). Dies hängt mit dem vermehrten Wissen über grundlegende pflanzliche Molekular- und Entwicklungsbiologie zusammen. Ein Ergebnis solcher Studien ist zum Beispiel die Möglichkeit, einen gesamten biosynthetischen Stoffwechselweg zu aktivieren oder die Entwicklung von Pflanzenorganen als ganzes zu verändern. MADS-Box-Gene rufen dramatische Veränderungen in der Blütenmorphologie hervor, wenn sie an ungewöhnlichen Organen exprimiert werden (Pnueli et al., 1991; Mandel et al., 1992; Kempin et al., 1993), Kelchblätter sind zu Fruchtblättern umgewandelt, Blütenblätter zu Staubgefäßen, Fruchtblätter zu Staubgefäßen. Alle Veränderungen sind nach einfachen Regeln zustande gekommen, die offenbar Zweikeimblättrigen, Einkeimblättrigen und Nacktsamern gemeinsam sind (Martin, 1996).

Tab. 10: Liste wichtiger Merkmale, die durch Gentechnik bei landwirtschaftlichen Nutzpflanzen verändert wurden (Dale, 1995; James und Krattinger, 1996)

Verändertes Merkmal	Feldversuche in den USA	Verändertes Merkmal	Feldversuche in den USA
Herbizidtoleranz (2,4-D; Asulam; Atrazin;Bromoxynil; Fosametin;Glufosinat bzw. Phosphinothricin)	590	**Produktqualität** (Verspätete Reife;Trockensubstanzgehalt; Verarbeitungsqualität; lösliche Substanzen; Ertrag; Ölgehalt; Phytasegehalt; Speicherproteine in Samen; Stärkestoffwechsel, Streßtoleranz)	570
Insektenresistenz (Antifutter-Protein)	492	**Bakterienresistenze** (Cercopin)	
Virusresistenz (Sojabohnenmosaikvirus; Süßkartoffel Feder Mottle Virus; Tabak Etch Virus; Tabakmosaikvirus; Wassermelonen-Mosaik-2-Virus; Zucchini-Gelb-mosaik-Virus; Alfalfamosaikvirus; Kürbismosaikvirus; Papaya Ringspot Virus; Pflaumen Pox Virus; Kartoffelblattrollvirus; Kartoffel-X-Virus; Reis-Streigen-Virus)	244	**Andere** (Produktion spez. Chemikalien/Medizin) (Enkephaline; Fettsäuren; humane Serumalbumine; monomere und temperaturbeständige polymere Zucker; Vaccine: Hepatitis, bakterielle Infektionen)	172
Pilztoleranz (Acetyltransferase; Chitinase/Glucanase; Lysozym; Osmotin)	62	**Markergene** (Chloramphenicol; Gentamycin; Kanamycin; Neimycin; Mannose; Xylose)	
		Streßresistenz (abiotisch)	

Die praktische Anwendung dieser Studien sind von uneingeschränkter Bedeutung sowohl für die Blumenzüchtung (z. B. Herstellung von „Doppelblüten") als auch für das „Engineering" der männlichen Sterilität. Der Zugang zur regulatorischen Genen wird sogar noch bedeutender für die Technik der Veränderung von Blühzeitpunkten. MADS-Box-Gene und Homöobox-Gene sind in diesem Zusammenhang zu nennen (Weigel und Nilsson, 1995; Mandel und Yanofsky, 1995; Müller et al., 1995); aber auch erst neuerdings verfügbare Gene wie *constans* und *luminidependens* (Putteril et al., 1995; Lee et al., 1994) können in *Arabidopsis* den Blühzeitpunkt beschleunigen oder verzögern. Beide Gene kodieren Transkriptionsfaktoren, die nach Transfer in Nutzpflanzen die reale Möglichkeit eröffnen, Tageslängenbarrieren zu überwinden, die der Kultivierung von Pflanzenarten entgegenstehen. Martin (1996) beschreibt die Rolle regulatorischer Gene wie *mixta* in *Anthirrinum*, die bei Überexpression in Tabak die Trichombildung stark fördern. Man kann sich leicht vorstellen, wie viele Züchtungsfragen mit diesem Gen gelöst werden können, wenn man berücksichtigt, daß Trichome eine wichtige Rolle in der Insektenresistenz und der Produktion sekundärer Metabolite spielen. Ähnliche Aussichten bietet die bereits erwähnte Nutzung geklonter Resistenzgene in der Pflanzenzüchtung dann, wenn die Produkte der Resistenzgene besser bekannt sind und der Ursprung und die Entstehung neuer allelischer Spezifitäten erklärt und durch DNA-Manipulation wiederholt werden kann.

Eine andere, auf Gentechnik beruhende Perspektive in der Pflanzenzüchtung betrifft die Möglichkeit, die Genomorganisation einer Nutzpflanze zu verändern (Ow, 1996). Das heißt, chromosomale Translokationen, Inversionen und Deletionen zu erzeugen, die zu speziellen Zwecken selektiert und durch direkte Rekombination spezieller Sequenzen hergestellt wurden. Eine Einzel-Polypeptid-Rekombinase kann demnach eingesetzt werden, um spezifischen Austausch zwischen zwei identischen DNA-Sequenzen zu erzeugen, die an verschiedenen Stellen im Genom liegen. Ein derartiges System kann „site-directed" Excision und Inversion von Transgenen, die Integration von Fremd-DNA in genomische Rekombinationsstellen und die Neuordnung von Chromosomensegmenten bewirken. Dies stellt einen neuen Weg eines Genom-„Engineerings" dar und verspricht die vorhersagbare Umstrukturierung von höheren, eukaryontischen Genomen. Das Konzept, Blöcke von chromosomaler Information in neuen Kombinationen zu mischen, kann die Möglichkeit der Herstellung neuer Pflanzensorten eröffnen.

In Zusammenhang mit der zukünftigen molekularen Züchtung wird zunehmend die Nutzung von in Züchtungsschemata integrierten molekularen Markern diskutiert. Flavell (1995) vertritt überzeugend die Ansicht, daß markergestützte Selektion mehr als nur ein Züchtungsinstrument werden wird, wenn ihre Automatisierung technisch durchführbar wird. Er hebt die Rolle hervor, die molekulare Marker in Studien zur Evolution der Genome von Nutzpflanzen haben werden, und die die notwendigen Kenntnisse liefern, um Pflanzengenetiker und Pflanzenzüchter zusammenzubringen, die an verschiedenen Arten interessiert sind. Diese ermöglichen es, die Beziehungen zwischen pflanzlichen Chromosomen von sogar entfernten verwandten Arten zu nutzen, um mehr und nützliche Gene zu klonieren. Die Wahl des anzuwendenen Markersystems in der zukünftigen Pflanzenzüchtung (Powell et al., 1996) und die Übernahme molekularer Marker in rekurrente Rückkreuzungsprogramme zum Transfer von Transgenen (Mazur, 1995) sind weitere Themen für die Zukunft der Pflanzenzüchtung.

Die letzte Anmerkung hat mit der Problematik zu tun, die in den angewandten Wissenschaften durch die Frage nach dem intellektuellen Eigentumsrecht hervorgerufen wird. Der gegenwärtige Trend, der durch große Investitionen der Agrochemiefirmen in der Gentechnik stimuliert wurde, führt zur Patentierung aller Entdeckungen mit praktischer Bedeutung. Häufig sind Gene für eine spezifische Funktion Gegenstand des Patents. Diese Situation bringt ein starkes Interesse an Routineverfahren hervor, die es ermöglichen, aus einer großen Anzahl von Nachkommen mutagen behandelter Einzelpflanzen jene zu selektieren, die einen spaltenden, mutierten Phänotyp für Gene hervorbringen, die nur als DNA-Sequenz beschrieben sind. Im wesentlichen liefern diese Verfahren eine Funktion für sequenzierte Gene. Umgekehrt erlaubt die Kenntnis der Funktion eines Genes die Patentierung desselben, sollte es für die molekulare Züchtung von Bedeutung sein. In Mais ist das als „Robertson's Mutator" (*Mu*) bekannte Element eingesetzt worden, da es in *Mu*-aktiven Kreuzungen stark amplifiziert wird und die Tendenz besitzt, in transkribierte Bereiche des Genoms zu inserieren. Dies bedeutet mit großer Wahrscheinlichkeit, daß *Mu*-inserierte

Allele an Genen mit bekannter Sequenz entstehen. Solche Allele werden mit PCR an „gepoolter", genomischer DNA selektiert, indem eine Sequenz innerhalb des *Mu* –Element und eine andere innerhalb des interessierenden Gens als Primer dienen. Dieser Ansatz der „Mu-Gen-Maschine" wurde von den Mitarbeitern Meeley und Briggs (1995) der Firma „Pioneer Hi-Bred International" entwickelt und zeigt sich außerordentlich wirksam beim Studium der Genfunktion und Genfitness. Die Maiszüchtung ist durch die Anwendung dieses Verfahrens, das unter anderem die Aufdeckung von das Maiswachstum einschränkenden Genen gestattet, beschleunigt worden. Weitere experimentelle Ansätze mit gleicher Zielsetzung werden wichtige Instrumente der Pflanzenzüchtung des nächsten Jahrhunderts werden.

So wird einem klar, daß 14 Jahre nach der erfolgreichen Transformation von Tabak, gentechnisch veränderte Pflanzen mehr eine Feldrealität als eine Zukunftsaussicht sind: Saatgut von Baumwolle und Mais mit Resistenz gegen Herbizide und Insekten, von Kartoffeln mit Toleranz gegen Kartoffelkäfer, von Sojabohnen mit Herbizidresistenz, von reiferegulierten Tomaten und von Ölraps mit hohem Stearin- oder Laurinsäregehalt werden in der Tat an die Landwirte verkauft (Ryals, 1996).

5. Gentechnik am Menschen – eine ethische Bewertung

5.1 Stand der Forschung und allgemeine Implikation der Gentechnik am Menschen

Grundlage der Gentechnik bildet der im Prinzip bei allen Lebewesen vom Einzeller bis zum Menschen identische genetische Code. Baupläne für die unübersehbare Vielfalt von Eiweißkörpern, die in ihrem Zusammenspiel das Leben ausmachen.

Infolge der Universalität des genetischen Codes sind heute Neukombinationen von Erbmaterial aus unterschiedlichen Spezies über die gesamte Spanne der Evolution möglich geworden. Man kann gelegentlich hören, daß durch diesen direkten Eingriff in die Erbsubstanz und die willkürliche Überschreitung von Artgrenzen der Mensch eine grundsätzliche Barriere überschreitet. Dies ist jedoch nicht der Fall, da Überschreitung von Artgrenzen im Bereich von Mikroorganismen durch Konjugation, Transformation und Transduktion regelmäßig vorkommt und beispielsweise eine der Grundlagen der Antibiotikaresistenz und des sogenannten Hospitalismus bildet. Es ist zwar zutreffend, daß im höheren Tier- und Pflanzenreich Austausch von Erbinformationen über Artgrenzen hinweg zunehmend seltener vorkommt. Evolutionsgeschichtlich betrachtet ist die Vielfalt der heute zu beobachtenden Arten jedoch zum guten Teil durch artüberschreitenden Gentransfer entstanden. Neu ist allerdings, daß die Gentechnik Artgrenzen, zu deren Überschreitung die Evolution Millionen von Jahren benötigte, praktisch im Handumdrehen überspringen kann. Hierdurch können Adaptationsprobleme des jeweiligen Ökosystems bei Freisetzung der neukombinierten Lebewesen entstehen, die sorgfältig von Wissenschaftlern und Verantwortlichen aller einschlägigen Disziplinen bedacht werden müssen.

Allgemeine ethische Grundsätze

Bevor ich zu expliziten Beurteilungen menschlicher Handlungsweisen und Möglichkeiten im Bereich der Gentechnik eingehe, will ich zunächst ausführen, von welchem Fundament aus ich dies tue.

Unterschieden werden der deontologische und der teleologische Ansatz, dem philosophiegeschichtlich der klassische Gegensatz von Platonismus und Aristotelismus zugrunde liegt.

Als deontologisch (von griechisch: deon = Pflicht) klassifiziert man jene Theorien, die davon ausgehen, daß es Handlungen gibt, die unabhängig von ihren Folgen in sich sittenwidrig, unehrenhaft bzw. schlecht sind. Hierzu zählt beispielsweise die direkte Falschaussage oder die Tötung eines unschuldigen Menschen. Der deontologischen oder auch fundamentalistischen Ethik liegt aber ein weitgehend statisches, ungeschichtliches und, wie ich meine, idealistisch realitätsfremdes Verständnis von der Natur und Mensch zugrunde.

Dagegen trägt die teleologische Ethik (von griechisch: telos = Ziel) der prinzipiellen Offenheit und Geschichtlichkeit und dem evolutiven Konstitutivum der Welt Rechnung. Die teleologische Ethik wird auch Verantwortungsethik genannt, da die ethische Qualifikation von Handlungen aus der Grundeinstellung, Motivation, Zielsetzung, der Wahl der Mittel und Wege sowie insbesondere aus den näheren und entfernteren Folgen des Tuns sich ableitet.

Grundlegender gemeinsamer Wert und Maßstab ethischen Handelns in einer pluralen Gesellschaft ist auch heute die unaufhebbare Würde der menschlichen Person. Hierbei ist mir klar, daß Menschenwürde ein „interdisziplinär zu erarbeitender Begriff" ist, über den Bibliotheken vollgeschrieben sind. Zur Wahrung der Menschenwürde haben sich in der Ethik und der Rechtsphilosophie leitende, allgemein akzeptierte Prinzipien herausgebildet: z. B. die goldene Regel (Was du nicht willst, das man dir tu', das füg auch keinem anderen zu), der kategorische Imperativ mit der Maxime der Verallgemeinbarkeit von

Entscheidungen und Handlungen, das Fairneßprinzip, das Prinzip Verantwortung und das Prinzip Toleranz.
Im weiterem möchte ich nun unterschiedliche Anwendungsmöglichkeiten der Gentechnik behandeln:

1.Erforschung, Entwicklung und Produktion von therapeutischen Wirkstoffen

Es ist heute möglich, eine ganze Reihe von wichtigen Wirkstoffen, wie Hormone, Wachstumsfaktoren, Differenzierungsfaktoren und Signalstoffe, mit Hilfe der Gentechnik in praktisch unbegrenzter Menge, bisher nicht erreichbarer Reinheit und wesentlich wirtschaftlicher als bisher herzustellen. Dies gilt z.B. für Insulin oder Wachstumshormone, die unter erheblichem Aufwand herstellbar waren, oder Stoffe wie Erythropoeitin, Interferone oder Interleukine, die erst mit Hilfe der Gentechnik überhaupt therapeutisch verfügbar wurden. Das gleiche gilt auch für viele andere Substanzen, ohne deren Verfügbarkeit moderne Biologie und Molekularbiologie nicht denkbar wären.
Ethisch erscheint dies unproblematisch, da angebliche Grenzen der Natur, wie z. B. die zwischen Arten, nicht sittlich normativ sind und Zielsetzung wie Folgen dieses Tuns, nämlich die Erzeugung wichtiger Stoffe zu Erforschung, Diagnose oder Therapie menschlichen Leidens, eine hinreichende Rechtfertigung darstellen. Es muß jedoch gefragt werden, ob die Anwendung gentechnischer Methoden oder der Umgang mit rekombinanten Mikroorganismen eine Gefährdung oder ein Risiko für das wissenschaftliche Personal und die Umwelt bedeuten. Es kann gesagt werden, daß dies bei Einhalten der genau spezifizierten Sicherheitsbestimmungen nach allen bisherigen Erkenntnissen ausgeschlossen werden kann.
Ein weiterer umstrittener Aspekt der Gentechnik in der medizinischen Forschung stellt die Erzeugung transgener Tiere dar. Solange diese Chimären zur Klärung der Ursache sowie der Entwicklung von Krankheiten und der Erprobung von Arzneimitteln dienen, sehe ich auch hier kein ethisches Problem zu erkennen.

Außerdem wird die Entwicklung besserer Krankheitsmodelle mit größerer Treffsicherheit und Schärfe der Erforschung und Entwicklung von Arzneimitteln als die herkömmlichen Tiermodelle zu einer deutlichen Reduktion der Zahlen konventioneller Tierversuche führen können.

Ethisch problematisch kann die Erzeugung von transgenen Tieren bei der Verwendung menschlicher Gene aus undifferenzierten menschlichen Zellen werden. Diese können nur aus Embryonen gewonnen werden. Faktisch handelt es sich bei menschlichen Embryonen selbst in Frühstadien von der befruchteten Eizelle bis zum Morulastadium um genetisch wie morphologisch determiniertes, neues menschliches Leben, das potentiell auf die Entwicklung zu einem Individuum ausgerichtet ist. Daher ist es von jeder tierischen Entwicklungsform prinzipiell und nicht nur graduell unterschieden und steht nicht für beliebige Zwecke zur Verfügung. Selbst wenn ein hohes Ziel, wie z. B. der Erhalt menschlichen Lebens derartige Experimente eventuell noch rechtfertigen könnte, ergibt sich die Frage, wer über den jeweiligen Embryo verfügen kann. Doch sicher nur die biologischen Eltern, für den Fall, daß für das Embryo keine Reimplantierungsmöglichkeit gegeben wäre (überzählige Embryonen). Etwas weniger problematisch könnte sich die Verwendung von embryonalen Zellen und Geweben darstellen, die von älteren, legal abgetriebenen, todgeweihten, nicht lebensfähigen Embryonen stammen.

Ein weiteres grundsätzliches Problem besteht ferner in der Frage, welche und wie viele menschliche Merkmale und Eigenschaften Tieren übertragen werden dürfen. Diese äußerst schwierigen fragen können im Sinne einer Verantwortungsethik nicht pauschal entschieden werden. Wie schwierig das ist, zeigte der Fall der transgenen Scid-Maus, deren Herstellung in den USA Anlaß erregter Diskussionen über die ethische Zulässigkeit war. Es handelte sich hierbei um ein vielversprechendes Modell zur Erforschung der Behandlung von AIDS. Scid-Mäuse sind Tiere, die aufgrund eines genetischen Defektes keine Immunkompetenz zur Abstoßung fremden Gewebes entwickeln können, deren embryonales menschliches Thymusgewebe unter die Nierenkapsel verpflanzt wurde. Auf diese Weise ist es möglich an diesen Mäusen den Verlauf einer HIV-Infektion am menschlichen Immunsystem zu studieren.

Obwohl es also einen Graubereich zu geben scheint, in dem hochethische Ziele der Forschung eine einem strengen Genehmigungsverfahren unterliegende Verwendung von menschlichem Embryonalmaterial rechtfertigen könnten, hat der Gesetzgeber wie z. B. in der Bundesrepublik Deutschland und auch in Österreich nicht zuletzt aus Furcht vor einem Dammbrucheffekt zur Wahrung des höchsten Rechtsguts „Menschenwürde“ jegliche Forschung an menschlichen Embryonen und Erzeugung von Chimären mit menschlichem Anteil verboten. Bei der hohen ethischen Problematik und der Schwirigkeit der Materie ist die Grenzziehung des Gesetzgebers zu respektieren.

2. Menschliche Genomdiagnostik

Zwar ist die Genomdiagnostik keine Gentechnik im eigentlichen Sinne. Sie wäre jedoch ohne die Methoden der Gentechnik nicht zu entwickeln. Sie stellt nicht ein gänzlich neuen, sondern nur ein zusätzliches Mittel zur Untersuchung von Erbkrankheiten dar. Bisher schon hatte man zur Aufklärung von Gendefekten die Möglichkeiten der Phänotypanalysen, der Chromosomenanalysen und der Genproduktanalysen. Diese ließen jedoch nur die Wirkung von Gendefekten erkennen, währen die DNA-Analyse die Ursache selbst erkennen läßt und damit auch Dispositionen zu Erkrankungen, die erst im Laufe des Lebens, wenn überhaupt, manifestiert werden.

Auch wenn heute eine Genomanalyse noch nicht möglich ist, müssen wir uns mit den ethischen Problemen sowohl der pränatalen Diagnostik als auch der postnatalen Diagnostik auseinandersetzen.

Die Vorteile der pränatalen Genomanalyse sind ersichtlich:

- Bei erbliche belasteten Paaren kann der Wunsch nach einem gesunden Kind eventuell erfüllt werden.

- Die Eltern können auf die Geburt eines kranken Kindes vorbereitet werden.
- Therapierbare Erbkrankheiten können frühzeitig behandelt werden.

Die Nachteile und Gefahren werden jedoch ebenso schnell evident. Informationen über Erbkrankheiten, seien sie auch noch so wenig beeinträchtigend, werden die Abtreibungsrate erhöhen. Zudem sind Begriffe wie „genetische Gesundheit" und „genetische Normalität" nur äußerst vage. Es kann sich so leicht die Lage eines sozialen Drucks entwickeln, in der die Zeugung oder das Austragen behinderter oder sonst nicht dem Gesundheitsideal der Gesellschaft entsprechender Kinder als Zeichen der Verantwortungslosigkeit gewertet wird. Es gibt aber keinen Anspruch, männlich oder weiblich, normale oder gar perfekte Kinder zu bekommen. Wenngleich es das legitime Ziel der Medizin ist, menschliches Leid als Konstitutivum menschlicher Existenz zu verhüten, zu bekämpfen und zu lindern, wo immer möglich, wird doch der perfekte gesunde Mensch eine Illusion bleiben.

Ähnlich umstritten ist auch die postnatale Genomanalyse. Vorteilen wie bessere Berufsplanung und Lebensplanung durch persönliche Risikoeinschätzungen, Vorbeugung und Berufskrankheiten, gezieltere Gesundheitsüberwachung an Arbeitsplätzen mit erhöhtem Risiko für Individuen mit einer bestimmten genetischen Disposition, stehen mögliche Nachteile wie Diskriminierung bei der Suche nach einem Arbeitsplatz oder die Vernachlässigung der Pflicht, für gesündere Arbeitsplätze zu sorgen, gegenüber. Hier wird auch bei der pränatalen Genomdiagnostik scheint mir die Forderung von Jonas auf ein „Grundrecht des Nichtwissens" bedenkenswert (H. Jonas, 1987).

Ist es doch zu erwarten, daß das Wissen um eine beispielsweise im höheren Lebensalter auftretende schwere Erkrankung wie die Huntingtonsche Chorea oder die Alzheimerische Erkrankung die überwiegende Mehrzahl der Betroffenen vor nicht zu bewältigenden Probleme stellt. Nach H. Jonas hat der Mensch daher einen Anspruch darauf, über sich selbst nicht mehr wissen zu müssen, als er selbst wissen will. Daraus folgt, daß eine Genomanalyse niemals zwangsweise

durchgeführt werden darf, sondern ihre Durchführung der Entscheidung des einzelnen überlassen bleiben muß. Durchführung, Interpretation und Beratung kann nur unter dem Schutz der ärztlichen Schweigepflicht zwischen dem Patienten bzw. Probanden und dem Arzt stattfinden. Der Schutz aller sensitiven Daten muß gesichert sein. Sind diese Essentials gewährleistet, kann eine gezielte Genomdiagnostik nicht nur ethisch vertretbar, sondern ethisch geboten sein.
Genomanalysen bei Einstellungsuntersuchungen und Abschluß von Versicherungen sind dagegen äußerst restriktiv zu handhaben und verlangen eindeutige gesetzliche Regelungen. Richtschnur hierbei sollte sein, daß nur gesucht werden darf, was behandelbar oder vermeidbar ist, also im Wohle des Betroffenen liegt. Eine Reihenuntersuchung mit dem Ziel des Anlegens „genetischer Fingerabdruck“ sollte nur unter klarer rechtlicher Regelung zur Aufklärung von Kapitalverbrechen und gegebenenfalls bei Vaterschaftsprozessen zulässig sein. Jegliche Form von Bevölkerungseugenik ist mit der Würde des Menschen jedoch unvereinbar.

3. Gentherapie

Somatische Gentherapie: Viele meinen, die somatische Gentherapie, wenn sie einmal über die Experimentierphase im Vorfeld (z. B. bei der Verlangsamung der Metastasenbildung beim Krebs) hinausgekommen sein sollte, sei eine Therapie wie jede andere oder besser: eine Therapie, die unter den gleichen Medizinethischen Kriterien stünde wie jede andere. Anderseits ist kaum zu bestreiten, daß die Anwendung dieser Kriterien hier besondere Aufmerksamkeit verdient.
Folgende Fragen lassen sich an die Ermöglichung der somatischen Gentherapie richten:

- Sind die Zielsetzungen realistisch formuliert? Oder werden Hoffnungen erweckt, die nicht eingehalten werden können, aber der Bereitschaft dienen sollen, sich für Experimente zur Verfügung zu stellen?

- Ist eine toxische Nebenwirkung von Vektoren für die Zufuhr gentechnisch veränderter Substanzen genügend beachtet und abgewogen?
- Können die Eingriffe eine multifaktorielle Wirkung haben?
- Gibt es begleitende Kontrollmechanismen und Prüfinstitutionen?

Diese Fragen für den Eingriff in somatische Zellen, der auf den menschlichen Phänotyp begrenzt bleiben und eindeutig als therapeutisch definiert werden kann, sind nicht spezifisch für die Humangenetik. Die Exponiertheit der Gentechnik am Menschen in der öffentlichen Diskussion sollte uns nicht übersehen lassen, daß die gesamte beschleunigte Entwicklung der Spitzentechniken in der Medizin uns vor die Aufgabe stellt, die Frage der Verantwortung zu formulieren und ihnen eine institutionelle Basis am Ort der Verantwortung zu geben. Die Gentechnik am Menschen betrifft genauso auch den Umgang mit unserer Endlichkeit. Daß Menschen endliche Wesen sind, kann auch von der Spitzentechnik nicht ignoriert werden. Während technische Probleme auf technische Weise gelöst werden, bewirken sie unter Umständen Probleme auf andere Ebene, die gerade nicht technisch gelöst werden können. Dies gilt für die aufgezeigten sozialen Probleme und individuellen Entscheidungen.

Keimbahntherapie: Die meist ziemlich globale Ablehnung der Keimbahntherapie weicht einer differenzierten Diskussion in der Bioethik. Die kategorische Ablehnung setzt voraus, daß man auch unter Umständen einmal mögliche Therapien gegenüber weit verbreiteten Erbkrankheiten nicht anwenden möchte, weil der Status Quo der genetischen Information – als „Natur" betrachtet – nicht verändert werden dürfe. Im Gegensatz dazu machen andere die Therapieverpflichtung und die Verantwortung für künftige Generationen geltend (Wimmer, 1991; Agius, 1989).

Im Prinzip kann ich keine ethisch zwingenden Kontraindikationen gegen eine gezielte Keimbahntherapie sehen, falls diese einmal selektiv und mit vertretbarem Risiko möglich sein sollte. Wenn bei definierten Erbkrankheiten das defekte Gen gegen ein gesundes normales Gen ausgetauscht wird, so stellt der Therapeut nur den ursprünglichen von der Natur gewollten Zustand wieder her. Ein solches „Derformata reformare“ entspricht sogar dem ethischen Heilauftrag des Arztes. Allerdings bedarf es hier klarer medizinisch-ethischer Reglements, was therapiewürdig ist und was nicht, wo Therapie aufhört und Eugenik beginnt. Hier muß ganz klar die Grenze zwischen Therapie schwerer Erkrankungen und Menschenzüchtung durch Elimination unerwünschter Eigenschaften und Merkmale gezogen werden.

Ich komme nun auf die Gründe der allgemeinen Skepsis und ethischen Ablehnung gegenüber der Humangenetik zu sprechen und dabei empört vor allem die Manipulation des menschlichen Erbgutes.

Geht man von der kategorischen Ebene auf die Ebene der Abwägung, dann überwiegen bei weitem die Argumente für ein rechtliches Verbot. Aber die Voraussetzungen, unter denen dieses Verbot formuliert wird, können sich verändern, auch wenn sie derzeit wenig wahrscheinlich ist. Folgende Gründe werden gegen die Erlaubnis der Keimbahntherapie geltend gemacht:

- Das Mittel, die Möglichkeit der Keimbahntherapie zu erforschen, seien verbrauchende Experimente an frühen Embryonen und damit ethisch nicht zulässig. Sollte jedoch die Erreichbarkeit sogenannter „höherrangiger Ziele“ plausibel werden, wird auch im restriktiven Österreich die Debatte neu beginnen.
- Die Isolierung des therapeutischen Eingriffes und damit des Effektes ist so schwierig, daß mit Nebeneffekten zu rechnen ist, die man nicht in Kauf nehmen möchte.
- Das „slippery-slope“ – Argument ist nicht von der Hand zu weisen, daß der Eingriff in den menschlichen Genotyp zu einer schwierigen Debatte über eine neue Grenzziehung führen wird: was ist Krankheit, was ist ein Krankes Gen? Bestimmt das individuelle Interesse – wie derzeit meist üblich – den Therapiebedarf?

Natürlich kann man auch einen fundamentalistischen Standpunkt vertreten und mit juristischen Sanktionen Handlungsverbote aussprechen, um dem Abgleiten auf dem „slippery slope“ zwischen dem eindeutig ethisch Vertretbaren und dem eindeutig ethisch Unvertretbaren bzw. einem befürchtete Dammbruch entgegenzutreten. Eine fundamentalistische Lösung käme außerdem unserer Trägheit entgegen, über existentielle Probleme nicht rechtzeitig und tief genug nachzudenken, um Regeln des verantwortlichen Umgangs mit neuen Möglichkeiten zu erarbeiten.

Trotz der derzeit noch vorhandenen technischen Problemen einer Gentherapie, trotz der ethischen Probleme und der derzeitigen juristischen Sanktionen sollte man keine kategorische Vorabverurteilung für alle Zeiten vornehmen, sondern ethische Diskussion über die Maßstäbe sittlichen Handelns auch in dieser Frage offenzuhalten.

5.2 Ethische Implikation des Projekts zur Analyse des menschlichen Genoms

Die revolutionären Entwicklungen der Gentechnik im Bereich von Pharmakologie, Pflanzen- und Tierzüchtung und der Humanmedizin stellen die lange Zeit gültigen philosophischen und biologischen Annahmen über die menschliche Natur in Frage. Der praktische Erfolg der Kartierung und Sequenzierung des menschlichen Genoms, die in einigen Jahren abgeschlossen sein wird, verdankt sich zu einem Gutteil der technischen Entwicklung von Methoden, die vor einigen Jahrzehnten noch undenkbar erschienen. Ob nun die Züchtung von ertragreicheren Pflanzensorten, die Züchtung von Tieren oder die medizinische Diagnose- und Therapiemöglichkeiten betroffen sind – die soziale Veränderungen, die sich durch den Einsatz der Gentechnik ergeben, sind bemerkbar geworden.

Die ethische Beurteilung des Großprojekts der Analyse des menschlichen Genoms erfolgt bisher von einige wenigen Philosophen oder Theologen, die zum Teil nur schwer von den positiven Ergebnissen der genetischen Revolution überzeugt werden können. Meistens wird jedoch eine ethische Beurteilung von Forschern selbst vorgenommen, die eine größere Akzeptanz ihrer Forschung in der Öffentlichkeit erreichen wollen und den Nutzen bzw. die moralische Unbedenklichkeit der Forschung herausstellen. Wenn Wissenschaftler und Ethiker überhaupt in ein gemeinsames Gespräch eintreten, scheinen sie von verschiedenen Planeten zu kommen, sie sprechen eine unterschiedliche Sprache und haben sehr unterschiedliche Auffassungen über den Menschen und das, was Menschen ausmacht (Haker et al., 1992). Angesichts der Dimensionen der Veränderung durch die Gentechnik erscheint mir heute eine ethische Beurteilung unerläßlich.

Die Grundlagenforschung des menschlichen Genoms kann und soll nicht von möglichen Anwendungsfeldern im Bereich der Pharmakologie, der Biologie und Medizin getrennt werden, da Grundlagenforschung und Anwendung wechselseitig voneinander abhängen und zunehmend ineinander verwoben sind. Dennoch ist es wichtig, die Probleme zu unterscheiden, die sich auf den beiden Ebenen ergeben. Zunächst stellt sich deshalb die Frage, welche ethische Implikationen mit der Erforschung des menschlichen Genoms selbst verbunden sind.

Das Genomanalyseprojekt aus einer ethischen Perspektive zu betrachten, heißt 1. Fragen der Rechte und Pflichten ethischer Subjekte zu klären, 2. mögliche Probleme institutioneller Strukturen aufzuzeigen, die die ethischen Subjekte zu einem moralischen Handeln befähigen sollen, und 3. die grundlegenden Wertaspekte und Horizonte, die der Politik – in diesem Fall der Forschungspolitik – Zugrundeliegen, in die Beurteilung einzubeziehen. Natürlich ist es nicht möglich, hier alle Aspekte anzusprechen, doch sind die allgemeinen Implikationen nicht ohne Einfluß auf die Anwendung, und zum Teil liegen die Wurzeln der Probleme, die in der Anwendung auftreten, schon auf der Ebene der Grundlagenforschung. Einige wichtige Aspekte möchte ich hier erwähnen:

Diagnose ohne Therapie: Das genauere Wissen über sehr seltene monogenetische Krankheiten ohne die zeitlich absehbare Möglichkeit therapeutischer Maßnahmen ist genauso wie die sogenannte Dispositionsforschung ein Problem, weil durch sie unter Umständen eine Erwartungshaltung bei Betroffenen geweckt wird, die vom Forschungsstand nicht gedeckt ist und daher negative psychische Folgen aufbringen kann. Da die meisten Krankheiten polygenetisch oder multifaktoriell bedingt sind, wird der Umgang mit dem genaueren Wissen ohne Eingriffsmöglichkeiten zu einem generellen Problem.

Kommerzialisierung: Die Kommerzialisierung und Patentierungsrechte sind als Problem seit langem in der Diskussion. Neben dem eher rechtlichen Aspekt, ob es in der Genomanalyse um „Erfindungen" geht oder ob es sich nicht vielmehr um „Entdeckungen" handelt, die nicht patentierbar sind, stellt sich für die Ethik die Frage, inwieweit der Mensch überhaupt zu kommerziellen Zwecken objektiviert werden darf. Eine spezifisch materialistische und dualistische Sichtweise in bezug auf menschliches Leben ist die Voraussetzung eines solchen Denkens. Die Richtigkeit und Angemessenheit ist damit aber nicht erwiesen.

Datenschutz: Ein weiterer Aspekt ist vor allem im Zusammenhang mit Arbeitsverhältnissen und Versicherungen der Datenschutz. Es ist durchaus denkbar, daß Kranken- und Lebensversicherungen in Zukunft Informationen über genetische Anlagen ihrer Klienten anfordern werden. Das ethische Problem besteht in diesem Zusammenhang in der Abwägung von Gerechtigkeits- bzw. Fairneßprinzipien einerseits – wieviel Solidarität muß eine Gemeinschaft aufbringen und wann beginnt eine Informationspflicht für Träger genetischer Krankheiten oder Dispositionen? – und dem Prinzip des Rechts auf Privatheit und entsprechendes Nichtwissen oder Verschweigen bestimmter genetischer Informationen.

Krankheitsbegriff: In einer allgemeinen und eher theoretischen Hinsicht ist vor allem die Frage nach der Definitionsmacht von Krankheiten und Gesundheit zu stellen. So ist etwa nicht evident, daß Mikrobiologen, Humangenetiker und/oder

Ärzte die Standards festlegen, was als Krankheit vice versa Gesundheit gilt, wenn richtig ist, daß die beiden Begriffe nicht empirisch zu fassen sind. Wenngleich die empirischen Daten wie genetische oder körperliche Befunde eine sehr wichtige Rolle spielen, ist der Krankheitsbegriff dennoch ein Begriff, der auf dem subjektiven Erleben und der Wechselwirkung mit gesellschaftlichen Verständnissen basiert. Darüber hinaus kann eine einseitige Fixierung auf genetisch nachweisbare Auffälligkeiten leicht zu einem einseitigen oder reduzierten Krankheitsverständnis führen – wie bei genetische Dispositionen zu Krankheiten, die wie Krankheiten selbst betrachtet werden.

Nicht erst bei der Anwendung, sondern auf der Ebene der Grundlagenforschung ist das Problem des Rechts auf Nichtwissen/Wissen oder umgekehrt, das Problem der Pflicht zum Wissen in der Diskussion. Das Recht auf Wissen und die Pflicht zur Information sind dabei gegen das prima facie bestehende Recht auf Nichtwissen abzuwägen. Ein Grund für das individuelle Schutzrecht ist der Hintergrund des Krankheitsbegriffs. Zugleich ist aber auch zu berücksichtigen, daß ein Fortschritt in der Kenntnis genetischer Merkmale die einzelne Subjekte auch dann noch betrifft, wenn kein direkter Zusammenhang zu Krankheit gegeben ist. Dieses Problem entsteht zum Beispiel bei den sogenannten Arbeitnehmer- „Screenings" oder bei genetischer „Screenings" von Schwangeren.

Einige der genannten Probleme erfordern vor allem eine rechtliche Beantwortung, so etwa der Datenschutz, die Kommerzialisierung oder die Patentierung, andere Probleme scheinen dagegen so an die Wertstandpunkte der einzelnen Subjekte oder auch der Gesellschaften gebunden zu sein, daß unweigerlich fundamentale Fragen der Ethik zur Debatte stehen, vor allem jedoch das Problem des moralischen Pluralismus.

5.3 Deregulierung: Die schrittweise „Freisetzung" der Gentechnik

Im allgemeinen sind Risikoregulierungen zum Schutz des Menschen und der Umwelt in den letzten zwanzig Jahren kontinuierlich verschärft worden Die Geschichte der Regulierung der Gentechnik aber ist eine Geschichte der Deregulierung. Die ersten Genrichtlinien, die 1976 von den „National Institutes of Health" (NIH) erlassen wurden, schrieben noch für alle Experimente mit rekombinanter DNA das Arbeiten in geschlosssenen Systemen mit Sicherheitsstämmen vor (physikalisches und biologisches containment) und verboten grundsätzlich jede Freisetzung von gentechnisch von gentechnisch veränderten Organismen. Zwanzig Jahre später werden dagegen über 90% aller gentechnischen Laborexperimente ohne jede Genehmigung oder auch nur Anmeldung bei den zuständigen Behörden durchgeführt; Freisetzungen von gentechnisch veränderten Organismen sind grundsätzlich genehmigungsfähig und für bestimmte Organismengroppen nach vereinfachten Verfahren (nur noch Anmeldung mit oder ohne Wartezeit) möglich; die ersten Nahrungsmittel mit gentechnisch veränderten Organismen haben die Marktzulassung bekommen, können also unbegrenzt verbreitet werden. Im Zuge wechselnder Regulierungen ist die Gentechnik selbst schrittweise in die Gesellschaft „freigesetzt" worden (Cantley, 1995).

Zu Anfang empörten sich vor allem Befürworter der Gentechnik zu dieser Regulierungsgeschichte. „Shits, crooks and incompetents" (etwa: „Scheißer, Schwindler und Schwachköpfe") tobte 1977 James Watson, Mitendecker des genetischen Codes und Nobelpreisträger, und zielte auf jene, die weitere Einschränkungen der Forschung mit rekombinater DNA forderten, weil unbekannte Gefahren nicht auszuschließen seien (Herbig, 1978). Am Ende empören sich nunmehr die Kritiker. Für sie zeigt die Deregulierung nur, daß „jetzt, koste es, was es wolle, durchmarschiert wird" (GID, 1996). Die These dieses Beitrags ist, daß beide Seiten unrecht haben. Weder beweist die Tatsache, daß die besondere Regulierung der Gentechnik inzwischen weltweit zurückgenommen wird, daß die Regulierung von Anfang an unbegründet und überflüssig war, noch beweist die Tatsache, daß vor zwanzig Jahren restriktivere Sicherheitsauflagen galten als heute, daß der Schutz des Menschen und der Umwelt zunehmend den Interessen von Wissenschaft und Industrie geopfert worden ist.

Natürlich spiegeln Regulierungen und Deregulierungen die Durchsetzung unterschiedlicher Interessen. Aber das ist, da Interessen im Spiel kommen, wo immer Menschen handeln, wenig informativ, solange die Frage nach Berechtigung oder Legitimität der Interessen unbeantwortet bleibt. Es geht um die Frage, ob sich die Regulierungsgeschichte der Gentechnik als ein Lernprozeß interpretieren läßt, in dem sowohl der Ausgangspunkt wie das Ergebnis gut begründbar sind? Eine solche Interpretation unterstellt nicht, daß es in der Welt durchgehend rational zugeht und es zu keinem der Deregulierungsschritte eine vernünftige Alternative gibt. Sie unterstellt, daß es nicht durchgehend irrational zugeht, sondern sachliche Gesichtspunkte eine Rolle spielen und dort, wo Gründe nicht hinreichen, nach legitimen Verfahren entschieden wird. Wenn dies der Fall ist, kann die Regulierungsgeschichte der Gentechnik als vertretbares Modell dafür gelten, wie eine moderne Gesellschaft sich (gemessen an ihren eigenen Kriterien) rational auf eine neue Technik einstellt, die unvermeidbar mit Ungewißheiten und Unwägbarkeiten verbunden ist, für die sich aber im Laufe von zwanzig Jahren auch keine Hinweise ergeben haben, daß sie besondere Risiken birgt.

Die ersten NIH-Richtlinien von 1976, die für die meisten Länder zum Vorbild wurden, legten eine Reihe von Grundpositionen fest, die der weiteren Auseinandersetzung über die Regulierung der Gentechnik den Rahmen vorgaben:

1. Es ist das Mandat der Politik und nicht der Wissenschaft, darüber zu befinden, welche Einschränkungen der Forschung notwendig und angemessen sind, um die Gesellschaft vor den möglichen Folgen gentechnischer Experimente zu schützen.

2. Die Nutzung einer Technik, die neu und ohne Vorbild in bisheriger Erfahrung ist, kann vorsorglich auch dann eingeschränkt werden, wenn keine besonderen Risiken erkennbar sind; es reicht aus, daß solche Risiken denkbar sind und nicht mit hinreichender Sicherheit ausgeschlossen werden können.
3. Vorsorgliche Verbote, die auf unbekannte Risiken reagieren, haben den Status eines Moratoriums, d. h. sie gelten, solange der Stand des Wissens keine andere Entscheidung zuläßt. Schon die Richtlinien von 1976 haben das ursprünglich von den Forschern selbst initiierte allgemeine Moratorium für gentechnische Experimente insoweit beendet, als sie Laborexperimente erlaubten – unter Sicherheitsauflagen, die das Entweichen von rekombinanter DNA in die Umwelt ausschließen sollten. Die absichtliche Freisetzung blieb zwar verboten; auch dieses Verbot war aber lediglich ein Moratorium. Es galt „for the present", und seine Revision wurde in Aussicht gestellt „when the scientific evidence becomes available that the potential benefits of recombinant organisms, particularly for agriculture, are about to be realized" (NIH, 1976).
4. Die Einschränkungen für die Forschung mit rekombinanter DNA implizieren keine politische Grundsatzentscheidung gegen die Gentechnik. Die NIH-Richtlinien beschränkten sich auf Sicherheitsfragen und ließen unter diesem Gesichtspunkt die Gentechnik unter Auflage zu. Die Frage blieb ausgeblendet, ob es ethische oder soziale Gründe gibt, Gentechnik überhaupt aus der Gesellschaft fernzuhalten.

Die ersten beiden Positionen bekräftigen den Vorrang der Politik von der Wissenschaft. Auf der Konferenz von Asilomar 1975 stellten die (wenigen) anwesenden Juristen klar, daß die Wissenschaftler ein Moratorium für gentechnische Experimente zwar selbstverantwortlich in Kraft setzen konnten (dass dies sogar von ihnen erwartet wurde als Korrelat der ihnen eingeräumten Forschungsfreiheit), daß sie sich aber keineswegs ebenso selbstverantwortlich aus

dem Moratorium wieder zurückziehen konnten. Wo die Grenzen zulässiger gentechnischer Experimente liegen, war eine Frage der Politik geworden.
Die beiden letzten Positionen begrenzen die Reichweite der Politik. Die Regulierung der Gentechnik entscheidet nur, was zum Schutz eng umschriebener Rechtsgüter (Leben, Gesundheit, Umwelt) getan werden muß, nicht ob Gentechnik überhaupt nützlich, wünschenswert oder zuträglich ist – ob „wir" also damit leben wollen. Und sie sucht einen schonenden Interessenausgleich: Die notwendigen Sicherheitseinschränkungen werden möglichst so definiert, daß sie die Fortsetzung der Forschung nicht unmöglich machen. Mit beiden Formen des „political self restraint" folgt die Regulierung der Gentechnik dem Modell der schon bekannten Regulierungen gefährlicher Verfahren oder Produkte. Und nur unter Voraussetzungen dieser „restraints" konnte das Mandat zur Regulierung bei einer Verwaltungsbehörde (NIH) angesiedelt werden. Im Ergebnis aber hat diesee Lösung eine Dauerspannung zwischen der Regulierung der Gentechnik und den Themen der öffentlichen Auseinandersetzung über die Gentechnik vorprogrammiert.

Ethik und Politik

Die Gentechnik kann Gene über Artschranken hinweg übertragen. Der Möglichkeit nach werden damit „die uns umgebenden Lebensformen – jede, wie wir, das Resultat von drei Milliarden Jahren Evolution – zu Projektionen des menschlichen Willens" (Sinsheimer, 1976). Überschreitet der Gebrauch dieser Macht nicht die Grenzen des Erlaubten? Darf der Mensch Gott spielen und sich zum Schöpfer neuer Lebensformen aufschwingen? Solche Fragen sind nie völlig verstummt, aber sie haben nie die Ebene staatlicher Regulierung erreicht. Die Tatsache, daß sie im Kern religiöse Fragen sind, die auch religiöse Antworten erfordern, hat gewissermaßen ihr politisches Schicksal besiegelt.
In modernen Gesellschaften werden moralische Fragen und Sinnfragen nur in engen Grenzen durch kollektive Entscheidungen, d. h. durch die Rechtsordnung,

beantwortet. Den Kern der gesamtgesellschaftlich festgeschriebenen Moral bilden die unveräußerlichen Ansprüche der Würde des Menschen, wie sie etwa in den Wertungen der Verfassung niedergelegt sind. Festgeschrieben sind hier die Prinzipien einer anthropozentrischen Ethik, die den Schutz des Menschen ins Zentrum stellt-mit gewissen Ausstrahlungen auf den Schutz höherer Tiere, die leidensfähig und insoweit subjektähnlich sind. Nur soweit nach diesen Prinzipien Gentechnik unerlaubt ist, könnte man staatliche Einschränkungen unter Berufung auf einen komsolidierten moralischen Konsens in der Gesellschaft rechtfertigen. Diese Rechtfertigung trägt möglicherweise ein striktes Verbot von Eingriffen in die menschliche Keimbahn, wie es im österreichischen Embryonenschutzgesetz verhängt wird. Sie trägt jedoch nicht das Verbot von gentechnischen Eingriffen in nicht-menschliche Lebensformen. Es gibt keinen konsolidierten Konsens, daß die Durchbrechung von Artschranken zwischen Pflanzen oder Bakterien im Prinzip ethisch unerlaubt ist oder transgene Tiere gegen die „guten Sitten“ verstoßen. Wer sich auf solche Wertungen verpflichtet fühlt, vertritt eine Sonder- oder Gruppenmoral, für die er in modernen Gesellschaften Toleranz erwarten darf, nicht aber kollektive Durchsetzung. Man muß im Rahmen pluralistischer Freiräume die persönliche Lebensführung an seinen eigenen moralischen Ansprüchen ausrichten dürfen, kann jedoch nicht fordern, daß diese Ansprüche kollektive Norm werden und mit rechtlichem Zwang auch anderen auferlegt werden.

Tatsächlich ist es nirgendwo gelungen, moralische Einwände auf die politische Agenda zu setzen, die nur in einer biozentrischen Ethik des verallgemeinerten „Respekts vor der Natur“ begründet werden können und gentechnische Eingriffe im Prinzip als unerlaubt ablehnen – beispielsweise weil sie das allen Lebewesen zukommende Recht auf ein artgerechtes, nicht-manipuliertes Genom verletzen (Altner, 1994; van den Deale et al., 1996). Moralische Ansprüche, die nicht durch allgemeinen Konsens gedeckt sind, sind aus der Sicht des Rechts (und für die staatliche Regulierung) letztlich „beliebig“ – wie stark auch immer ihr

Verpflichtungscharakter für die Anhänger dieser Moral sein mag. Als moralische Ansprüche liegen sie außerhalb des Mandats des auf weltanschauliche Neutralität festgelegten Staats. Das schließt nicht aus, daß sie im Rahmen politischer Gesellschaftgestaltung mit rechtlichem Zwang allgemein verbindlich gemacht werden, aber dann gelten sie nicht qua Moral, sondern qua Mehrheitsentscheidung und müssen als Freiheitsbeschränkung gerechtfertigt werden. Die wichtigste Rechtfertigung für solche Beschränkung aber ist die Abwehr von Risiken.

Der Pluralismus moralischer Werthaltungen und die Distanz staatlicher Rechtssetzung zu den Sinnfragen menschlichen Daseins sind Strukturen moderner, liberaler Gesellschaften, die schon ganz unabhängig von konkreten Interessenlagen und Machtverteilungen einen Sog erzeugen, die Regulierung neuer Technik auf Sicherheitsfragen zu konzentrieren. Sie begünstigen Folgenorientierung in der Technikbewertung und machen eine politische Rezeption von fundamentalen Einwänden unwahrscheinlich, die schon an der Struktur oder Qualität der Technik ansetzen.

Letzteres dürfte sogar für das Verbot des Eingriffs in die menschliche Keimbahn gelten. Dieses wird häufig als eine absolute moralische Grenze, gleichsam als ein Tabu für technische Eingriffe in die menschliche Natur verstanden. In Wahrheit hat das Verbot den Status eines Moratoriums, das beendet werden kann, falls jemals Keimbahntherapie technisch möglich wird und es eine sinnvolle medizinische Indikation für eine solche Therapie gibt. In dieser Richtung weist jedenfalls die Formulierung der Bioethik-Konvention des Europarates.

Art. 13 erlaubt den medizinisch indizierten Eingriff ins menschliche Genom, „wenn er nicht darauf abzielt, irgendeine Veränderung des Genoms von Nachkommen herbeizuführen". Zulässig wäre danach eine Keimbahntherapie, die auf das betroffene Individuum „abzielt", sich aber (technisch bedingt) auch auf die Nachkommen auswirkt (Menschenrechtsübereinkommen zur Biomedizin, 1996). Bedingungslos ausgeschlossen bleibt Menschenzüchtung. Damit wird nach dem Zweck und nicht nach der Struktur des Eingriffs differenziert; auch hier setzt sich also Folgeorientierung bei der Bewertung durch.

6. Abkürzungsverzeichnis

A	Adenin
ADA	Adenosin Desaminase
AIDS	Acquired Immunodeficiency Syndrom
APC	Adomatous Polyposis Cancer
BAC	Bacterial Artificial Chromosome
bp	Basenpaare
BRCA	Breast Cancer
C	Cytosin
Caltech	California Institute of Technology
CIK	Cytikin-induzierte Killerzellen
cM	centi Morgan
CMV	Cytomegalie-Viren
CTL	Cytotoxischen T-Lymphocyten
DNA	Desoxyribonukleinsäure
DOE	Department of Energy
EMBL	European Molecular Biology Laboratory
EST	Expressed-Sequence-Tags
G	Guanin
GDB	Genome Database
GTP	Guanosin Triphosphat
HFR	High Frequency of Recombination
hGH	human Growth Hormone
HGP	Human Genome Project
HGS	Human Genome Science
HIV	Human Immunodeficiency Virus
HUGO	Human Genome Organisation
kB	Kilobasen

kD	kilo Dalton
LAK	Lymphokin-aktivierte Killerzellen
LDL	Low Density Lipoprotein
Mb	Megabasen
Mg	Magnesium
mRNA	Messenger RNA
mt DNA	mitochondrielle DNA
NCHGR	National Center for Human Genome Reserch
NIH	National Institutes of Health
nm	Nanometer
P	Phosphor
PCR	Polymerase Chain Reaction
PTO	Patent and Trademark Office
RFLP	Restriction Fragment Length Polymorphism
RNA	Ribonukleinsäure
RSV	Rous Sarkoma Virus
S	Schwefel
SCID	Severe Combined Immunodeficiency
STS	Sequence Tagged Sites
T	Thymin
TIGR	The Institute for Genomic Research
TIL	Tumor-infiltierende Lymphocyten
TNF	Tumornegrosefaktor
tRNA	Transfer RNA
U	Uracil
UV	Ultraviolett
YAC	Yeast Artifical Chromosome

7. Literatur

Agius, E. 1989. *Concilium*. 25:259-266.

Altner, G., 1994. Materialen des TA – Verfahrens Heft 17. Wissenschaftszentrum Berlin,discussion paper (WZB FS II 94-317).

Alberts, B., Bray, D. et al. 1995. Molekularbiologie der Zelle, *Weinheim: VCH.*

Ammirato, P. V. 1983. In: Evans DA, Sharp WR,, Ammirato PV., *Handbook of plant cell culture.*, New York, pp. 82-123.

Anderson, F. et al. 1995. Gene Therapy. *Scientific American*. Sept.: 96-89B.

Anderson, C. 1993. *Science* 259:300-302.

Anderson, W. F. 1995. Human Gene Therapy. In: *Science.* 256:808.

Baker H. G. 1971. *Econ. Bot.* 25: 32-43.

Barton, J. H. 1991. Patentiertes Leben. In: *Spektrum der Wissenschaft* 5.

Bayertz, K.1987. GenEthik. *Rowohlt.*

Benda, E. 1985. Erprobung der Menschenwürde am Beispiel der Humangenetik. In: *Gentechnologie, Chancen und Risken 3*, R. Flöhl, J. Schweitzer Verlag, München.

„Biotech 94: Long-term value/Short-term hurdles".1993. *Ernst & Young' s eighth annual report on the biotechnology industry.*

Bishop. J. & Waldholz M.1990. *Genome: The Story of the Most Astonishing Scientific Adventure of Our Time*, (New York: Simon and Schuster).

Blumler MA. 1992. Econ Bot 46: 98-111.

Bornmann CH. 1993. In:Hayward MD, Bosemark NO, eds., Plant Breeding. Principes and Prospects. Chapman & Hall, pp.246-260.

Botstein, D., et al., 1980. *American J. Human Gen.* 32:314-331.

Brandon, E., et al, 1995. *Current Biology* 5:625-634.

Brandon, E., et al, 1995. *Current Biology* 5:758-765.

Brandon, E., et al, 1995. *Current Biology* 5:873-881.

Brandt P. 1995. Transgene Pflanzen. Herstellung, Anwendung; Risken und Richtlinien.Birkhäuser, Basel.

Brandt P.1997. Zukunft der Gentechnik,Birkhäuser, Basel.

Brem, G. 1993. In: Pühler, A., ed, Genetic engineering of animals. VCH Weinheim. pp. 83-170.

Breslow, J. 1996. *Science* 272:685-588.

Bruggemann H.1993. J. Anim. Sci. 71: 47-50

Buckel, P., et al.1991. Das Handwerk der Gentechnik. *Serie Piper.*

Bult, C. J., et al., 1996, *Science 273:1058-1072.*

Burke, D. T., et al. 1987. *Science* 236:806-812.

Cantley. 1995. Die neueste Übersicht über die Regulierungsgeschichte. In: Rehm HJ, ed, Biotechnology (2. Aufl.) Vol 12, Economic and Ethical Dimensions. Verlag Chemie, Weinheim, pp. 505-681.

Cantor, Charles R.1990. „Orchestrating the Human Genome Project“ in *Science*, 248.
Cantor C.1993. In: Kevles DJ, Hood L., Der Supercode. Artemis und Winkler, München, pp.109-122.
Cappechi, M., R. 1994. *Scientific American* 270:34-41.
Carver AS. et at. 1993. Bio/Technol. 11: 1263-1270.
Chappell J. 1996. Mol. Breeding 2: 1-6.
Chua N. H. 1996. Curr. Opinion Biotechnol. 7: 127-129.
Clark A. 1996. Am. J. Clin. Nutr. 63: 633-638.
Cohen, Stanley N., Chang, A. et al.1973. Construction of Biologically Functional Bacterial Plasmida In Vitro. *Proceeding of the National Academmy of Science*, 70: 3240-3244.
Cohen, D. 1995. Die Gene der Hoffnung.Piper Verlag.München.
Collins FS. 1995. *Proc. Natl. Acad. Sci.* USA 92.
Collins FS, Galas D. 1993. *Science* 262: 43-46.
Colman A. 1996. Am. J. Clin. Nutr. 63: 639-645.
Cook-Deegan, Robert Mullan. 1989. „The Alta Summit, December 1984“. *Genomics*, 5.
Cook-Deegan R. 1994. The Gene Wars. Norton & Co., New York.
Crick, Francis. 1990. Ein irres Unternehmen. *Die Doppelhelix und das Abenteuer Molekularbiologie*, München-Zürich.
van den Daele.W. 1985. Mensch nach Maß? Ethische Probleme der Genmanipulation und Gentherapie. C.H. Beck, München .
van den Daele, W. 1997. In: Martinsen R., Politik und Biotechnologie, Baden-Baden.
van den Daele, W., Pühler„ A. 1996. Grüne Gentechnik im Widerstreit. Modell einer partizipativen Technikfolgenabschätzung. *Verlag Chemie, Weinheim.*
van den Daele, W., 1997, „Deregulierung“-Wissenschaftszentrum Berlin, Freie Universität Berlin.
Damak , S., et al. 1996. Biotechnol. 13: 398-403.
Davis, Joel. *1990. Mapping the Code: The Human Genome Project and the Choices of Modern Science.* New York:John Wiley.
Diamond, L., et al. 1996. Transplantation 61: 1241-1249.
Dib, C., et al.1996. *Nature* 380:152-154.
Dickson, D. 1995. Nature 377: 185-186.
Dickson, D. 1996. HUGO approves ethics code for genomics. *Nature*. 380: 279.
Dietrich, W. F., et al. 1996. *Nature* 380: 149-152.
Doerfler W. 1992. Microbial Pathogenesis 12: 1-8.
Doetschmann, T., et al. 1987. *Nature* 330:576-578.
Donald, C., Hamblin, J. 1983. Advances Agronomy 36: 97-143.
Dorer, D., Henikoff, S. 1994. Cell 77: 993-1002.
Drlica, K. 1995. DNA und Genklonierung, *Stuttgart: Gustav Fischer.*
Dujon B. 1996. *Trends Genet.* 12:263-270.

Dulbecco, R., Chiaberge R. 1991. Konstrukteure des Lebens. *R. Piper GmbH & Co. KG*, München.
Dulbecco, R.1986. A Turning Point in Cancer Research: Sequencing the Human Genome. Science , *231.*
Fischer, E. P., Schleuning, W. D. 1991. Vom richtigen Umgang mit Genen. R. Piper GmbH & Co. KG., München.
Flavell, R. 1995. Tren Biotechnol. 13: 313-319.
Fleischmann, R. D., et al. 1995.*Science* 269:496-512.
Foroughi-Wehr B., Wenzel, G. 1993. In: Hayward MD, Bosemark, N., et al. Plant Breedings. Chapman & Hall, pp. 261-277.
Fraser, C. M., et al. 1995. *Science* 270:397-403.
Gassen, H. et al. 1996. Gentechnik-Die Wachstumsbranche der Zukunft. *Gustav Fischer.*
Gen-ethischer Informationsdienst (GID), Oktober 1996, Nr. 3.
Gordon, J., Ruddle, W. 1981. *Science* 214: 1244-1246.
Gray, D. 1990. In: Taylorson, R., et al., Recent advances in the developmen and germination of seeds. Plenum Press, New York, pp.29-45.
Guha, S., et al. 1996. Nature 212:97.
Guyer, M. S., Collins, F. S. 1995. *Proc. Natl. Acad. Sci.* USA 92:10841-10848.
Habeler, T. 1997. Das Genomprojekt. Dissertation. Universität Wien.
Hammer, R., E., Pursel, et al. 1985. *Nature* 315:680-683.
Hankeln, T. et al. 1996. Transgenic organisms and biosafety. Springer, Berlin pp. 181-208.
Harlan, T. de Wet JMJ., Price E. 1973. Evolution 27: 311-325.
Heiser C.1988. Euphytica 37: 77-88.
Herbig, J.1978. Die Geningenieure. Hanser, München.
Holden J., Peacock J., Williams T. 1993. Genes, Crops and Environment. Univers. Press, Cambridge.
Houck M., Clark., Peterson KR. 1991. Science 253: 1125-1129.
Houdebine L. 1995. Reprod. Nutr. Dev. 35: 609-617.
Hoy MA. 1995. Parasitol. Today 11: 229-232.
Jaenisch, R. 1988. *Science* 240: 1468-1474.
James C., Krattiger A. 1996. ISAAA Briefs No. 1., pp31.
Jonas, H. 1985. Technik, Ethik und Biogenetische Kunst. Betrachtungen zu neuen Schöpferrolle des Menschen. IGentechnologie, Chancen und Risken 3, R. Flöhl, J. Schweitzer Verlag, München.
Jonas, H. 1987. Technik, Medizin und Ethik. *Suhrkamp Verlag*, Frankfurt.
Jordan, E., Collins, F. S. 1996. *Nature* 380:11-112.
Katzek J., Wackernagel W. 1992. Hans-Böckler-Stiftung, Berg Verlag, Bochum
Kevles, D. und Hood, L. 1995. Der Supercode. Die genetische Karte des Menschen. *Insel Verlag*. Frankfurt am Main und Leipzig. Erstausgabe 1992. The Code of Codes. Scientific and Social Issues in the GenomeProjact. *Harvard University Press*. Cambridge, Mass.

Kempin, J. A., Mandel M. A., Yanofski M. F.1993. *Plant Physiol.* 103: 1041-1046.
Kempin, S. A., Savidge B., Yanofski M. F. 1995. *Science* 267:522-525.
Kidwell, M. G. 1993. Annu. Rev. Genet. 27:234-256.
Kislev, M. E. 1984. *Paleorient.* 10:61-69.
Knippers, R., et al. 1990. Molekulare Genetik. *Thieme Verlag.*
Kourilsky, Philippe. 1989. Genetik-Gentechnik-Genmnipulation. *Piper Verlag.*
Kroshus, T. J., Bolman R. M., et al. 1996. *Transplantation* 61:1513-1521.
Kuhn, R., et al. 1995. *Science* 269:1427-29.
Lakso, M., et al. 1996. *Proc. Natl. Acad. Sci.* 93: 5860-5865.
Laplace, F. 1995. In: Frey, H. D.,et al. Hugo – 5 Jahre Humangenomprojekt. Tübingen, pp. 33-35.
Lee, I., Aukerman, M. J., et al. 1994. *Plant Cell* 6:75-83.
Levine, Joseph S. Suzuki, David. 1993. Das Lebensmolekül. *Droemer Knaur Verlag.*
Maga, E. A., Murray, J. D. 1995. *Bio./Technol.* 13:1453-1457.
Mandel, M. A., Yanowsky M. F. 1995. *Nature* 377:522-524.
Mandel, M. A. et al. 1990. *Nature* 357: 384-387.
Markl, H. 1990. Genetik und Ethik. *Wissenschaft im Widerstreit*, VCH, Weinheim
Marshall, E. 1994. *Science* 266:208-210.
Marshall, E. 1996. *Science* 272:643 und 272:1094.
Martin, C. 1996. *Curr. Opinion Biotechnol.* 7:130-138.
Martin, G. B. et al. 1993. *Science* 262:1432-1436.
Maruyama, K. Hartl, D. L. 1991. *J. Mol. Evol.* 266:11518-11521.
Maxam, A. M., Gilbert, W. 1977. A New Method for Sequencing DNA *Proceeding of the National Academmy of Science* , 74.
Mayr,Ernst. 1997. Das ist Biologie. *Spektrum Verlag.*
Mazur, B. 1995. *Trends Biotechnology* 13:319-323.
McCormick SPA, Peterson KR, et al. 1996. *Trends Cardiovasc. Med.* 6:16-24.
Mc Farlane, M. et al. 1996. *Transgenic. Res.* 5:171-177.
McKusick, V. 1986. Gene Map of *Homo sapiens. Cold Spring Harbor Symposia on Quantitative Biology* 51.
Meeley, R., Briggs, S. 1995. *Maize. Gen. Coop. Newsl.* 69:67-82.
Melton, D. 1994. *BioEssays* 16:633-638.
Miklos, G. L., Rubin, G. M. 1996. *Cell* 86:521-529.
Mieth, D., Haker, H. 1997. Gentechnik und Ethik. Zentrum „Ethik der Wissenschaft"der Universität Tübingen.
Mohr. 1996. H. Akademie für Technikfolgenabschätzung in Baden-Württemberg.
Müller, K. J., Romano, N. et al. 1995. *Nature* 374:727-730.
Mullins, L., Mullins, J. 1996. *J. Clin. Invest. 97*:1557-1560.
Mullins, K. B., Faloona, F. et al. 1986. Specific Enzymatic Amplifikation on DNA *in Vitro*: The Polymerase Chain Reaction in*: Cold Spring Harbor Symposia on Quantitative Biology*, 51.
Mullins, K. B., Faloona, F. 1987. *Methods in Enzymol.* 155:335-350.

Oliver, S. G. 1996. *Nature* 379:597-600.
Olsen, M. V. 1996. *Science* 270:394-396.
Page, R. et al. 1995. *Transgenic. Res.* 4:353-360.
Palmiter, R. D., Brinster, R. 1986. *Annu. Rev. Genetics* 20:465-499.
Pelletier G. 1993. In: Hayward M. D., Bosemark N. O. et al. Plant Breeding Principles and Prospects. Chapman & Hall, pp. 93-106.
Pedersen, R. A. et al. 1991. Animal applications of research in mammalian development. *Current Communications in Cells and Molecular Biology*. Cold Spring Harbor Laboratory.
Pnueli, H., Abu-Abeid M., Zamir, D. 1991. *Plant J.* 1:255-266.
Poste, G. 1995. *Nature* 378: 534-536.
Powell, W., Morgante, M. et al. 1996. *Mol. Breeding* 2:225-238.
Pursel, V. et al. 1989. *Science* 244:1281-1288.
Putterill, J., et al. 1995. *Cell* 80:847-857.
Rhim, J. A., et al. 1995. *Proc. Natl. Acad. Sci.* USA 92:4942-4946.
Rosen, J. M. et al. 1996. *Am. J. Clin. Nutr.* 63:627S-632S.
Rosengard, A., M., et al. 1995. *Transplantation* 59: 1325-1333.
Renn. O. 1996. Riskante Risikopolitik. *Die Zeit*, Nr. 39, 20.09. p.48.
Rifkin, J. 1987. Kritik der reinen Unvernunft. *Rohwolt Taschenbuch Verlag* GmbH. Reinbeck bei Hamburg, Deutschland. Originalausgabe: „ Decleration of a Heretic". 1985. Routledge & Kegan Paul plc. Boston, USA.
Ryals, J. 1996. *Mol. Breeding* 2:91-93.
Salamini, F., Motto, M. 1993. In: Hayward M. D., Bosemark N. O. et al., *Plant Breeding: Principles and prospects*. Chapman & Hall, London. pp. 138-159.
Sanchez-Monge, E. 1993. In: Hayward M. D., Bosemark N. O. et al. *Plant Breeding: Principles and prospects*. Chapman & Hall, London, pp. 3-5.
Sanger, F. & Coulson A. R. 1975. A Rapid Method of Determining Sequences in DNA by Primed Synthesis with DNA Polymerase. *Journal of Molecular Biology*, 94.
Sanger, F., et al. 1977. *Nature* 265:687-695.
Schenkel, J. 1995. Transgene Tiere. Labor im Focus. *Spektrum Verlag.*
Schellekens Huub u.a. 1992. Ingenieure des Lebens. *Spektrum Akademischer Verlag* Heidelberg Berlin Oxford.
Science 1992. – Genome Issue. Bd. 258/10.
Schmidt.,E., R. 1996. Biosafety of transgenic Organisms. *Springer Verlag*, Berlin, Heidelberg, New York.
Schwartz, D. C., Cantor C. R. 1984. *Cell* 37:67-75.
Sentry, J., Kaiser, K. 1995. *Transgenic. Res.* 4:155-162.
Simons, J., P. et al. 1987. *Nature* 328:530-532.
Shapiro, R. 1992. Der Bauplan des Menschen. Das Genom-Projekt. Bern/München/Wien (Scherz).

Sinsheimer, Robert L. 1969. The Prospect of Designed Genetic Change. *Engineering and Science*, 32:8.
Sinsheimer, Robert L. 1989. The Santa Cruz Workshop-May 1985. *Genomics*, 5: 955.
Sinsheimer, R. 1976. *Bioscience* 26:599.
Smith, Lioyd M. et al. 1986. Fluorescence Detection in Automated DNA Sequence Analyses. *Nature*, 321.
Spectrum der Wissenschaft, Digest: Gene und Genome. 2/1997.
Sprading., A., Rubin, G. 1982. *Science* 218:341-347.
Stacey, A., et al. 1988. *Nature* 332: 131-136.
Stewart, T., A., et al. 1984. *Cell* 38:627-637.
Strachan, T. 1994. Das menschliche Genom. *Spektrum Akad. Verl.*
Tada, N., et al. 1995. *Transgenic Res.* 4:208-213.
Thomas, K., R., Capecchi. 1987. *Cell* 51:503-512.
Tsuchimoto, S., van der Krol, A. et al. 1993. *Plant Cell* 5:843-853.
Tsukui, T, et al. 1996. *Nature Biotechnol.* 14:982-985.
Walden, R., Wingender, R.1995. *Trends in Biotechnol.* 13:324:331.
Walters, L. 1986. The ethics of human gene therapy. *Nature* 320:225-227.
Watson, D. James & R. Mullen Cook-Deegan. 1991. Origins of the Human Genome Prooject. *FASEB Journal.* 5.
Watson, D. James. 1990. The Human Genome Project: Past, Present and Future" *Science* 248.
Watsom, D. James., Tooze. 1981. The DNA Story. Freemann, San Francisco.
Watson, J. D. and F. C. Crick. 1953. *Nature* 171,737.
Weigel, D., Nilsson, O. 1995. Nature 377:495-500.
Wenzel, G., Foroughi-Wehr, B. 1993. In: Hayward M. D., Bosemark N. O. et al. *Plant Breeding: Principles and prospects.*Chapman & Hall, London. pp.353-370.
Wheelis, M. 1991. *Akademie Verlag*, Berlin pp. 277-283.
Wimmer, R. 1991. Wils. J. P., Mieth D., „*Ethik ohne Chance?*"., Tübingen, pp.182-209.
Winnacker, Ernst Ludwig. 1993. Am Faden des Lebens. Piper Verlag.
Wittig, B. 1996. Gentherapie. Institut für Molekularbiologie und Biochemie. Freie Universität Berlin, Deutschland.
Wu, R., Taylor, E. 1971. *Mol. Biol.* 57:491-511.
Zell, R. 1992. Die neue Epoche der Medizin. In: *Bild der Wissenschaft* 10.

Kolibri 360 GmbH
Ferdinand-Jühlke-Straße 7
99095 Erfurt, Deutschland
produktsicherheit@kolibri360.de

Druck:
CPI Druckdienstleistungen GmbH
im Auftrag der
Kolibri 360 GmbH
Ferdinand-Jühlke-Str. 7
99095 Erfurt